Abayomi Afolayan

Substituição parcial de areia por serradura na produção de betão

Abayomi Afolayan

Substituição parcial de areia por serradura na produção de betão

ScienciaScripts

Imprint

Any brand names and product names mentioned in this book are subject to trademark, brand or patent protection and are trademarks or registered trademarks of their respective holders. The use of brand names, product names, common names, trade names, product descriptions etc. even without a particular marking in this work is in no way to be construed to mean that such names may be regarded as unrestricted in respect of trademark and brand protection legislation and could thus be used by anyone.

Cover image: www.ingimage.com

This book is a translation from the original published under ISBN 978-620-2-31972-0.

Publisher:
Sciencia Scripts
is a trademark of
Dodo Books Indian Ocean Ltd. and OmniScriptum S.R.L publishing group

120 High Road, East Finchley, London, N2 9ED, United Kingdom
Str. Armeneasca 28/1, office 1, Chisinau MD-2012, Republic of Moldova, Europe
Printed at: see last page
ISBN: 978-620-8-12754-1

Índice

CAPÍTULO 1

1.   1INTRODUÇÃO

1.1Antecedentes   **do estudo**

A indústria da construção depende fortemente de materiais convencionais como o cimento, o granito e a areia para a produção de betão. O custo elevado e crescente destes materiais tem impedido grandemente o desenvolvimento de abrigos e outras infra-estruturas nos países em desenvolvimento. Surge a necessidade de considerar em termos de engenharia a utilização de materiais mais baratos e disponíveis localmente para satisfazer as necessidades desejadas, aumentar a auto-eficiência e conduzir a uma redução global do custo de construção para um desenvolvimento sustentável.

Vários investigadores tentaram igualmente reduzir o custo dos seus constituintes e, consequentemente, o custo total da construção, investigando e verificando a utilidade de materiais que poderiam ser classificados como resíduos agrícolas ou industriais. Alguns destes resíduos incluem serradura, cinzas de combustível pulverizadas, cascas de palmiste, escórias, cinzas volantes, etc., que são produzidas em estações de moagem, centrais térmicas, estações de tratamento de resíduos, etc. (A utilidade das cinzas volantes como substituto parcial em misturas de betão está a aumentar. A quantidade de cinzas volantes produzidas pelas centrais eléctricas na Índia é de aproximadamente 105 milhões de toneladas por ano (Fernandez, 2007). A percentagem da sua utilização é atualmente inferior a 13%).

Fernandez investigou a utilização de cinzas volantes como substituto de agregados finos no betão e descobriu que a resistência à compressão, à tração e à flexão aumentam inicialmente e atingem um valor máximo de 52% aos 7 e 28 dias.

A serradura pode ser definida como partículas soltas ou aparas de madeira obtidas como subprodutos da serragem da madeira em dimensões normais utilizáveis. A madeira é um dos materiais estruturais mais antigos utilizados pelo homem. Os templos e monumentos construídos há vários anos, que ainda se mantêm em excelentes condições, mostram a durabilidade e a utilidade da madeira (Kullkarni, 2005). A serradura limpa sem uma grande quantidade de casca provou ser satisfatória. Esta não introduz um elevado teor de matéria orgânica que possa perturbar as reacções de hidratação (Neville, 2000)

2

Olutoge (1995), nas suas investigações sobre as propriedades físicas da cinza de casca de arroz, serradura e casca de palmiste, encontrou densidades a granel de 530kg/m, 614kg/m e 740kg/m, respetivamente. Concluiu que estes materiais tinham propriedades que se assemelhavam às dos materiais de betão leve.

Olanipekun (2006) investigou as propriedades das cascas de coco (CCS) e das cascas de palmiste (PKS) como agregados grossos em betão. As CCS foram trituradas e substituíram os agregados grossos convencionais em gradações de 0%, 25%, 50%, 75% e 100%. Foram utilizadas duas proporções de mistura (1:1:2) e (1:2:4), respetivamente. Observou que a resistência à compressão do betão diminuía à medida que a percentagem das conchas aumentava nas duas proporções de mistura. No entanto, o betão obtido a partir de CCS apresentou uma resistência à compressão mais elevada do que o betão PKS nas duas proporções. Os seus resultados também indicaram uma redução de custos de 30% e 42% para o betão produzido a partir de cascas de coco e cascas de palmiste, respetivamente. Concluiu que as cascas de coco eram mais adequadas do que as cascas de palmiste quando utilizadas como substitutos de agregados convencionais na produção de betão.

1.2 Declaração do problema

A conservação dos recursos naturais e a preservação do ambiente são a essência de qualquer desenvolvimento. O problema que surge do contínuo desenvolvimento tecnológico e industrial é a eliminação dos resíduos. Se alguns dos materiais residuais forem considerados adequados para a produção de betão, não só os custos de construção podem ser reduzidos, como também se pode conseguir uma eliminação segura dos materiais residuais. No presente estudo, foi feita uma tentativa de avaliar a adequação da serradura na produção de betão. A madeira é um dos materiais estruturais mais antigos utilizados pelo homem. É leve e barata e pode reduzir o custo das estruturas. Atualmente, na Nigéria, há um número crescente de madeiras disponíveis para utilização comercial. No entanto, os projectistas estão a prestar-lhes menos atenção. Isto deve-se ao facto de haver uma consciência geral de que a extinção de incêndios pode estar na ordem do dia se as estruturas de madeira forem muitas. No entanto, não se prestou muita atenção ao facto de a madeira não arder se o fogo não for conduzido até ela.

Para além do problema acima referido, há ainda a questão da degradação ambiental que acompanha as actividades mineiras de materiais de betão convencionais, tais como agregados grosseiros (granito), pedras britadas e areia, etc. Isto resulta em poluição do ar, cicatrizes na paisagem, águas superficiais e subterrâneas ameaçadas, etc. Por conseguinte, é necessário encontrar formas de eliminar os resíduos de serradura para fins úteis, como a produção de betão.

1.3Metas   e objectivos

O estudo tem como objetivo avaliar a adequação da serradura como substituto dos agregados finos na produção de betão. Os seguintes objectivos são, portanto, propostos como propulsores para a realização do objetivo viz:

i.   Determinar as propriedades físicas dos agregados utilizados

ii)   Determinar a trabalhabilidade do betão com serradura.

iii.   Determinar a resistência à compressão do betão com serradura.

1.4 Justificações

Um dos maiores desafios mundiais actuais é a eliminação dos resíduos industriais. Por essa razão, vários países desenvolvidos têm feito grandes esforços para eliminar os resíduos industriais, colocando-os em habitações ou utilizando-os como materiais de construção. Atualmente, a utilização de resíduos industriais está a tornar-se um importante recurso alternativo de materiais de construção, enquanto a queima de resíduos industriais conduz gravemente ao problema do aquecimento global. As aplicações de resíduos industriais, como a serradura, têm sido reconhecidas como uma das principais soluções alternativas para fazer face ao aumento constante do preço dos materiais de betão convencional (Olutoge, 1995). O esgotamento gradual dos materiais de betão convencionais e as consequências ambientais em cadeia causadas pela eliminação de resíduos industriais são motivo de preocupação.

ETL, (1999) salientou que o abrigo é considerado um agente primordial na geração de riqueza e um fator significativo no desenvolvimento económico. Na história da Nigéria, passa-se o contrário. Os materiais de betão convectivos aumentam diariamente devido à necessidade crescente de produção de betão.

A importância da eliminação de resíduos no desenvolvimento económico é reconhecida universalmente e os dados históricos verificam que existe uma forte relação entre a utilização de resíduos e a atividade económica.

A crescente evidência de problemas ambientais deve-se a uma combinação de vários factores, uma vez que o impacto ambiental das actividades humanas tem aumentado dramaticamente. Tal deve-se ao aumento da população mundial, do consumo de energia e das actividades industriais.

A obtenção de soluções para os problemas ambientais que a humanidade enfrenta atualmente exige acções potenciais a longo prazo para o desenvolvimento sustentável. A este respeito, a utilização de recursos de resíduos industriais parece ser uma das soluções mais eficientes e eficazes. Uma das definições mais amplamente aceites de desenvolvimento sustentável é: "desenvolvimento que satisfaz as necessidades do presente sem comprometer a capacidade das gerações futuras de satisfazerem as suas próprias necessidades". Há muitos factores que podem ajudar a alcançar o desenvolvimento sustentável. Atualmente, um dos principais factores a ter em conta nos debates sobre o desenvolvimento sustentável é a utilização dos resíduos.

Após uma breve análise dos antecedentes do presente estudo, pode afirmar-se que este estudo adoptará uma política de "transformação de resíduos em riqueza", uma vez que os materiais em estudo têm atualmente pouco ou nenhum valor económico, sendo os problemas de eliminação enfrentados pelos produtores. Assim, esta investigação não só resolverá o problema da eliminação, como também verificará a sua adequação como substituto do agregado fino na produção de lajes de betão armado e, consequentemente, aumentará o seu valor económico.

1.5 Âmbito   e limitações do estudo

Este trabalho de investigação enquadra-se na série de esforços desenvolvidos para a utilização da serradura como agregado na produção de betão, em alternativa à areia. Neste sentido, o trabalho será adaptado para ter como objetivo principal a investigação das propriedades da serradura, com vista à sua melhoria. Especificamente, o estudo analisa o efeito da substituição dos agregados convencionais, areia, por serradura em Minna na resistência à compressão com o objetivo de reduzir o seu custo unitário de produção.

Este estudo centra-se na utilização de serradura para substituir parcialmente a areia, de 0% a 50%, em escalões de 10%, no cubo de betão para a produção de betão leve. Uma vez que a maioria das estruturas em áreas residenciais requerem menos peso do que as estruturas de arranha-céus, pode ser possível aplicar certos conceitos com misturas de serradura-cimento-granitos.

Devido a limitações de tempo, a cura do betão não pode ser prolongada para além de 28 dias, pelo que pode não ser possível monitorizar o desenvolvimento da resistência aos seis meses, um ano e dois anos, etc.

1. 6Metodologia de investigação

O cimento utilizado em todo o projeto foi o "Dangote Portland Cement", que é um cimento Portland ordinário do tipo I (ou seja, um cimento Portland de uso geral adequado para a maioria das utilizações), em conformidade com os requisitos da BS 12 (1996). O cimento será adquirido em Minna, Estado do Níger, Nigéria.

A areia afiada utilizada foi obtida do rio Kpakpungu. O agregado grosso era pedra britada com um tamanho máximo de agregado de 20 mm. O agregado grosso foi obtido de indústrias de pedra britada e a serradura foi obtida de uma indústria de moagem em Minna, Estado do Níger. A água para a mistura foi obtida de um furo no campus de Gidan Kwano, em Minna, em conformidade com os requisitos da norma BS 3148 (1980). Os materiais foram submetidos aos seguintes ensaios: ensaio de análise por peneiração, teor de humidade, ensaio de gravidade específica, ensaio de abatimento, ensaio de fator de compactação.

Foram moldados cubos de betão com 150 x 150 x 150 mm. A serradura foi utilizada para substituir os agregados finos de 0% a 50% em passos de 10%. A resistência à compressão foi avaliada aos 7, 14, 21 e 28 dias.

CAPÍTULO 2

1.

2REVISÃO DA LITERATURA

2. 1Preâmbulo

A conservação dos recursos naturais e a preservação do ambiente são a essência de qualquer desenvolvimento. O problema que surge do contínuo desenvolvimento tecnológico e industrial é a eliminação dos resíduos. Se alguns dos materiais residuais forem considerados adequados para a produção de betão, não só os custos de construção podem ser reduzidos, como também se pode conseguir uma eliminação segura dos materiais residuais. Assim, neste trabalho, foi feita uma tentativa de avaliar a adequação da serradura como agregado fino na produção de betão.

Os materiais de construção tradicionais, como o betão, os tijolos, os blocos ocos, os blocos maciços, os blocos de pavimento e as telhas, estão a ser produzidos a partir dos recursos naturais existentes. Este facto está a prejudicar o ambiente devido à exploração contínua e ao esgotamento dos recursos naturais. Além disso, várias substâncias tóxicas, como a elevada concentração de monóxido de carbono, óxidos de enxofre, óxidos de azoto e partículas em suspensão, são invariavelmente emitidas para a atmosfera durante o processo de fabrico dos materiais de construção. A emissão de matérias tóxicas contamina o ar, a água, o solo, a flora, a fauna e a vida aquática, influenciando assim a saúde humana e o seu nível de vida. Por conseguinte, as questões relacionadas com a conservação do ambiente ganharam grande importância na nossa sociedade nos últimos anos (Xue et al., 2009). Os decisores dos sectores político, económico e social estão agora a prestar seriamente mais atenção às questões ambientais. Consequentemente, estão a ocorrer grandes mudanças nos nossos modos de vida e de trabalho no que diz respeito à conservação de recursos e à reciclagem de resíduos através de uma gestão adequada. Muitas autoridades e investigadores estão a trabalhar ultimamente para ter o privilégio de reutilizar os resíduos de forma sustentável do ponto de vista ambiental e económico (Aubert et al., 2006). A utilização de resíduos sólidos em materiais de construção é um desses esforços inovadores. O custo dos materiais de construção está a aumentar de dia para dia devido à elevada procura, à escassez de matérias-primas e ao elevado preço da energia. Do ponto de vista da poupança de energia e da conservação dos recursos naturais, a utilização de constituintes alternativos nos materiais de construção é atualmente uma preocupação global. Para tal, são necessários trabalhos de investigação e desenvolvimento extensivos para explorar novos ingredientes, a fim de produzir materiais de construção sustentáveis e amigos do ambiente. O presente estudo investiga a potencial utilização de resíduos agrícolas (serradura) na produção de betão.

2.1.1 Antecedentes históricos   da serradura

Estima-se que cerca de metade da madeira cortada anualmente em todo o mundo seja utilizada como combustível e que a madeira desempenhe outro papel importante, especialmente nos países desenvolvidos, sob a forma de pasta de papel e produtos derivados. Como madeira trabalhada, as qualidades construtivas e decorativas únicas da madeira têm sido utilizadas e apreciadas desde os tempos mais remotos, como resultado da moldagem e alisamento da madeira em várias formas e utilizações nas indústrias de serração, a serradura é gerada como resíduo. Nos últimos cerca de 100 anos (e mais especialmente desde a primeira guerra mundial), o âmbito das suas utilizações foi grandemente alargado pelo desenvolvimento de madeira contraplacada, tábuas laminadas e vigas de vários tipos; estas tornaram possíveis novos métodos de construção e permitiram uma utilização mais eficaz de toros mais pequenos. Estas tendências estão a ser repetidas no desenvolvimento atual, que data da Segunda Guerra Mundial, de painéis de partículas nas suas várias formas, fazendo assim uso estrutural do que, de outra forma, seria em grande parte desperdício de madeira e mesmo de casca (Kallmann, Kuenzi e

Stamm; 1975, Findlay, 1975).

A serradura é composta por partículas finas de madeira. Tem uma variedade de utilizações práticas, incluindo servir de cobertura vegetal, ou como alternativa à areia de barro para gatos, ou como combustível, ou para o fabrico de painéis de partículas. Até ao advento da refrigeração, era frequentemente utilizada em casas de gelo para manter o gelo congelado durante o verão. Historicamente, tem sido tratado como um subproduto das indústrias transformadoras e pode facilmente ser entendido como um perigo, especialmente em termos da sua inflamabilidade. Foi também utilizado em manifestações artísticas e como dispersão. Por vezes, é também utilizada em bares para absorver derrames, permitindo que o derrame seja facilmente varrido para fora da porta. Talvez a aplicação mais interessante da serradura seja o pykrete, um gelo de fusão lenta, muito mais forte, composto por serradura e água congelada. É utilizada para fabricar resina de cutelaria. Nove utilizações básicas da serradura, tal como assinalado por Mark Powers (This Old House Magazine) (2011), são:

1. **Faça neve falsa**. Misture serradura com tinta branca e cola para cobrir os objectos de Natal com neve

simulada.

2. **Controla-te**. Os lenhadores de inverno espalham serradura nos caminhos dos camiões. Esta proporciona tração e fortalece a neve compactada, protegendo o solo por baixo.

3. **Absorver os derrames**. Tenha um balde à mão para acidentes. A serradura é altamente absorvente e pode conter rapidamente derrames de óleo ou tinta.

4. **Alimente as suas plantas**. A serradura misturada com estrume ou um suplemento de azoto mantém

as suas

plantas saudáveis e húmidas.

5. **Fazer um iniciador de fogo**. Derreta cera de vela numa panela antiaderente, adicione serradura até o líquido engrossar, deite numa caixa de ovos vazia e deixe arrefecer. Utilize os briquetes para ajudar a acender o fogo.

6. **Preencher buracos e defeitos na madeira**. Utilizada por pintores profissionais de soalhos, a serradura muito fina ou "farinha de madeira" é um excelente enchimento manchável quando misturada na massa com cola de madeira.

7. **Arranje um caminho**. Coloque serradura num caminho de terra para reduzir a erosão e criar um caminho suave e perfumado através do seu jardim ou terreno arborizado.

8. **Afastar as ervas daninhas**. A serradura de madeira de nogueira é um herbicida natural. Varra esta variedade entre as fendas do seu passeio.

9. **Aliviar o cimento**. A serradura misturada na argamassa tem sido utilizada há muito tempo na construção de paredes de madeira de cordão para ajudar a unir os troncos. Faça o mesmo quando fundir recipientes leves e o chão húmido da sua garagem, cave ou loja. A serradura húmida capta e absorve o pó fino e a sujidade.

O volume de resíduos continua a aumentar, apesar da sensibilização para a importância da reciclagem de resíduos (Ciesielski e Collins, 1993 e Ciesielski, 1996). Em 1994, a quantidade total de resíduos produzidos nos Estados Unidos atingiu 4500 milhões de toneladas por ano (Shelbrurne e Degroot, 1998) e, cada vez mais, a regulamentação ambiental restritiva tem dificultado a eliminação de resíduos. Em conjunto, estes factores aumentaram significativamente o custo da eliminação dos resíduos (Ciesielski e Collins, 1993). De acordo com a Agência de Proteção Ambiental dos Estados Unidos, em 2000 foram produzidas cerca de 12,7 milhões de toneladas de resíduos de madeira, mas a eliminação segura destes resíduos continua a ser uma grande preocupação.

Tay (1984) referiu, de forma independente, que as lamas misturadas com argila podiam ser utilizadas na produção de tijolos para a construção e que a percentagem máxima de lamas secas que podiam ser misturadas com argila para o fabrico de tijolos era de 40% em peso. Além disso, as lamas têm sido utilizadas para fins exóticos, como o reforço do solo (Ramachandran, 1981). A serradura, em especial, tem sido amplamente utilizada em Inglaterra para fabricar produtos como unidades pré-fabricadas para habitações portáteis, pavimentos, unidades de construção pré-fabricadas e madeira de cimento (Washa, 1956).

2.1. 2Composição química da serradura

A serradura ou aparas de madeira é um material orgânico composto principalmente por carbono, hidrogénio e oxigénio, juntamente com uma pequena quantidade de azoto e elementos minerais (principalmente cálcio, potássio e magnésio) que se encontram nas cinzas quando a madeira é queimada.

Os principais componentes orgânicos da serradura são a celulose, as hemiceluloses e a lenhina. Todos eles formam grandes moléculas complexas que estão intimamente associadas umas às outras e podem até estar quimicamente combinadas na serradura (Idiakhoa, 2010).

Propriedades físicas da serradura

A serradura tem as seguintes propriedades físicas que a tornam um dos resíduos mais úteis na construção:

(1)   Porosidade; a serradura tem uma porosidade maior do que o solo

  (2)   Baixa gravidade específica

  (3)   Absorvente, substância de retenção de água, como para limpeza de derrames de líquidos, controlo de lamas, revestimentos de pavimentos, compostos para varrer ou como transportador de estrume líquido

(4) Abrasivo, como em sabões para as mãos, polidores de metais, produtos de limpeza de peles ou compostos para varrer;

(5) Volumosos e fibrosos, como a farinha de madeira, o amortecimento, a embalagem ou o agregado leve de cimento;

(6) Não condutor, como para o isolamento

(7) Granulado, como nas superfícies texturadas, por exemplo, no papel de parede de aveia.

2.1. 3Pesquisa e desenvolvimento recentes sobre serragem

Nos trabalhos de Basri et al., (1999); Khedari et al., (2000); Manan e Ganapathy, (2002), verificou-se que, para produzir betão leve, são utilizados vários métodos. O método mais popular para a produção de betão leve é a utilização de agregados leves naturais ou sintéticos. Alguns dos agregados leves utilizados para a produção de betão leve são a pedra-pomes, as escórias de carvão, a cinza volante, a casca de arroz, a palha de arroz, a serradura, os grânulos de cortiça, a casca de trigo, as fibras de coco e as cascas de coco. Para além destes, vale a pena investigar os resíduos de couro de origem animal.

Kullkarni, 2005, revelou que a serradura é constituída por partículas soltas ou aparas de madeira obtidas como subprodutos da serragem da madeira em tamanhos padrão utilizáveis. A madeira é um dos materiais estruturais mais antigos utilizados pelo homem. Os templos e monumentos construídos há vários anos, que ainda se mantêm em excelentes condições, mostram a durabilidade e a utilidade da madeira. A serradura limpa, sem uma grande quantidade de casca, tem-se revelado satisfatória. Esta não introduz um elevado teor de matéria orgânica que possa perturbar as reacções de hidratação (Neville, 2000).

Olutoge (1995), nas suas investigações sobre as propriedades físicas da cinza de casca de arroz, serradura e casca de palmiste, encontrou densidades a granel de 530kg/m, 614kg/m e 740kg/m, respetivamente. Concluiu que estes materiais tinham propriedades que se assemelhavam às dos materiais de betão leve.

Geralmente, os betões que têm um peso unitário inferior a 2,0 kg/dm^3 estão na classe dos betões leves. Os betões leves que têm um peso unitário entre 1,6-2,0 kg/dm^3 podem ser utilizados como elementos construtivos, os pesos unitários entre 0,5 - 0,6 kg/dm^3 podem ser utilizados como material de isolamento (Aka, 2001; TS 11222, 2001).

Ujhely, 1983 argumentou que os betões leves que têm uma resistência à compressão inferior a 1 N/mm^2 podem ser utilizados para fins de isolamento. Apesar disso, se a resistência à compressão for superior a 1 N/mm^2 , o betão leve pode ser utilizado em elementos de construção que suportem carga.

A Building Research Station em Inglaterra, (1943) (uma instituição governamental), a Universidade de New Hampshire e o Departamento de Investigação de Engenharia realizaram uma investigação sobre serradura - serradura de betão foi misturada com cimento para produzir um betão com os atributos desejáveis. Obteve-se um betão leve com melhores qualidades de isolamento do que o betão normal. Obteve-se um material para pavimentos que não conduz o calor muito rapidamente para longe do gado e um material para paredes que satisfaz as normas modernas de isolamento.

A estação de investigação de construção, (1943) relatou que "As proporções de cimento-serradura de 1 :3- 1 :2 representam provavelmente a gama mais útil, dando produtos que pesam 60-80 libras por pé cúbico, que são capazes de pregar, tendo resistências ao esmagamento de 600-2.000 libras por polegada quadrada e resistências transversais na gama de 400-750 libras por polegada quadrada aos 28 dias.

Skelton (1938) faz a seguinte declaração relativamente às qualidades isolantes: "O material é quente e é um excelente agente isolante. O coeficiente de condutividade térmica varia de 0,60 a 0,70 para uma mistura como a recomendada neste documento. Vários materiais isolantes comerciais em forma de folha têm coeficientes semelhantes de 0,25 a 0,40, sendo o da madeira 1,00 e o do betão 8,00.

A Building Research Station apresenta um valor de retração e dilatação de "0,2 a 0,55 por cento, dependendo da relação cimento-serradura". Esta agência enfatiza em algum tempo as dificuldades encontradas com misturas magras (alto teor de serradura) no que diz respeito ao encolhimento e inchaço e os efeitos resultantes, tais como fissuras e levantamento de superfícies de pavimentos e deformação de painéis pré-fabricados. Nos materiais para painéis, a Building Research Station sugeriu a utilização de revestimentos betuminosos para evitar alterações no teor de humidade e as consequentes alterações dimensionais.

Olutoge (2002) investigou a utilização de serradura e de cascas de palmiste (PKS) como substitutos de agregados finos e grossos em lajes de betão armado. Foram moldadas lajes de betão armado com 800 x 300 x 75 mm. A serradura e o PKS foram utilizados para substituir os agregados finos e grossos de 0% a 100%, em passos de 25%. As resistências à flexão foram avaliadas aos 7, 14 e 28 dias e as resistências à compressão foram avaliadas aos 28 dias. O aumento da percentagem de serradura ou de casca de palmiste nas lajes de betão levou a uma redução correspondente nos valores de resistência à flexão e à compressão. Verifica-se que, com um baixo valor de substituição de 25%, a serradura e as cascas de palmeira podem produzir lajes de betão armado leves que podem ser utilizadas onde é necessário um baixo esforço a um custo reduzido. Foi conseguida uma redução de peso de 14,5% e 17,9% para as lajes com substituição de serradura e PKS, respetivamente.

Tabela 2.1.3 Foram obtidas as seguintes resistências à flexão e à compressão de lajes com várias percentagens de serradura.

Sawdust (%)	7 days		14 days		28 days		
	Weight (kg)	Flexural strength (N/mm^2)	Weight (kg)	Flexural strength (N/mm^2)	Weight (kg)	Flexural strength (N/mm^2)	Comp. strength (N/mm^2)
0	40.95	1.43	41.10	1.96	41.10	2.24	21.6
25	33.15	1.15	34.90	1.39	35.15	1.67	15.9
50	32.65	0.89	30.16	1.01	27.50	1.12	10.3
75	32.20	0.54	26.85	0.68	27.30	0.81	8.0
100	20.35	0.39	19.40	0.51	18.25	0.55	6.1

Source: Olutoge, 2002.

A partir dos resultados da experiência efectuada, foram tiradas as seguintes conclusões:

- Existe a possibilidade de substituir parcialmente a areia e o granito por serradura e casca de palmiste na produção de lajes de betão leve;

- A substituição óptima da serradura e da casca de palmiste por areia e granito foi de 25%. Para além deste limite, a laje produzida não cumpria os requisitos de resistência da norma BS 1881 Parte 4 (1970);

- Apesar dos resultados promissores, o betão de serradura e de casca de palmiste é recomendado para fins não estruturais, por exemplo, para a construção de lancis na berma da estrada;

Com base no que precede, foram feitas as seguintes recomendações para estudos futuros:

- Recomenda-se a lavagem a vapor dos materiais e o pré-tratamento com produtos químicos inertes antes de os utilizar como agregados, em vez da lavagem normal efectuada no estudo;

- O efeito dos aditivos e a permeabilidade do betão feito com várias percentagens de substituição devem ser estudados;

- Recomenda-se a realização de estudos semelhantes para as secções de vigas, de modo a verificar o comportamento à flexão do betão leve fabricado com estes materiais.

Do que precede, é evidente que a serradura não foi utilizada como um substituto parcial do agregado fino no betão. O material de serradura tem uma gradação que se enquadra na gama de materiais de agregado fino. No entanto, vale a pena investigar a possibilidade de utilizar a serradura para substituir o agregado fino no betão sem afetar as suas propriedades.

2.1.4 Investigação recente sobre a utilização de outros resíduos agrícolas na construção

Udoeyo et al. (2006) determinaram a resistência à compressão do betão fabricado com percentagens variáveis (5, 10, 15, 20, 25 e 30 em peso de cimento) de resíduos de cinzas de madeira (WWA). Os autores referiram que a resistência à compressão aumentava geralmente com a idade, mas diminuía com o aumento do teor de WWA. As comparações da resistência do betão com WWA com a do betão de controlo (simples) das idades correspondentes mostraram que a resistência do betão com WWA era geralmente inferior à do betão simples.

No seu estudo, Hato e Takesue (1984) referiram que era possível fabricar agregados leves finos artificiais a partir de cinzas de lamas pulverizadas. As cinzas de carvão pulverizadas não tratadas, sem qualidades cimentantes, foram utilizadas com sucesso como material para enchimento estrutural, embora as cinzas fossem inerentemente variáveis, podiam ser compactadas de forma satisfatória se o teor de humidade fosse mantido abaixo do valor ótimo obtido em testes laboratoriais padrão e se a percentagem de finos fosse de cerca de 60%.

Abdullahi, (2006) estudou a influência da cinza de madeira (WA) no abatimento do betão. Utilizou cinzas de madeira como substituição parcial do cimento em percentagens variáveis (0, 10, 20, 30 e 40%) na mistura de betão na proporção de 1:2:4. O resultado do ensaio de abatimento é apresentado na Tabela 2.1. Os resultados do ensaio mostraram que as misturas com maior teor de cinzas de madeira requerem um maior teor de água para atingir uma trabalhabilidade razoável.

Tabela 2.1.4 Resultados do ensaio de abatimento do betão com cinzas de madeira (Abdullahi, 2006)

Replacement of OPC by WA (%)	0	10	20	30	40
Water/Binder Actual Ratio	0.6	0.66	0.67	0.68	0.69
Slump (mm)	30	35	40	40	35

Source: Abdullahi, 2006.

Eko e Riskowski, (1997) recomendaram a mistura de fibras de biogás não tratadas com solo e cimento como um procedimento eficiente para a transformação de tijolos de construção de casas na África rural.

Rahman (1987, 1988) referiu que a resistência à compressão dos tijolos aumenta na presença de RHA e, por conseguinte, recomendou a utilização de tijolos de cinza de arroz (RHA) em

paredes de suporte de carga. Também demonstrou que a capacidade de absorção dos tijolos RHA se encontra dentro do limite admissível (Rahman, 1988). Nasly e Yassin (2009) utilizaram a RHA para desenvolver blocos de encaixe inovadores para utilização em habitações sustentáveis. Também obtiveram uma boa resistência à compressão para os blocos que incorporam RHA. Além disso, Lertsatitthanakorn et al. (2009) mostraram que os blocos de cimento-areia à base de RHA reduzem a transferência de calor solar, resultando assim numa diminuição da temperatura ambiente devido a uma menor condutividade térmica do que os tijolos de barro comerciais.

2.2. Betão

O betão é qualquer produto ou massa fabricado através da utilização de um meio de cimentação. É um material compósito obtido através da mistura de agregados grossos (por exemplo, cascalho, pedras britadas), agregados finos (por exemplo, areia afiada), cimento e água numa proporção adequada. Por vezes, são adicionados materiais adicionais, conhecidos como aditivos, para modificar algumas das suas propriedades.

2.2.1 Tipos de betão

Existem vários tipos de betão, mas os tipos de betão baseados nos materiais utilizados são:

    i.   Betão leve

    ii.   betão pesado

    iii.   betão maciço

    iv.   Sem betão fino

    v.   Betão polímero

i. Betão leve

O betão leve é um betão que tem uma resistência de 28 dias não inferior a 17 N/mm^2 e um peso unitário seco ao ar inferior a 1850 kg/m^3. Existem três métodos de produção de betão leve viz:

a. Substituindo o agregado mineral original por um agregado leve

b. Pela introdução de vazios na matriz de betão para produzir betão celular, celular aerado ou gasoso.

c. Pela eliminação de agregados finos na mistura

Vantagens do betão leve:

d. O peso próprio do betão leve varia de 300 a 1850 kg/m^3.

e. Ajuda a reduzir a carga morta, aumenta o progresso da construção e diminui o custo de transporte e manuseamento.

-O peso do edifício sobre a fundação é um fator importante no projeto, particularmente no caso de solos fracos e de estruturas altas. Numa estrutura emoldurada, a viga e o pilar têm de suportar a carga da parede e do pavimento. Se estas paredes e o pavimento forem feitos de betão leve, isso resultará numa economia considerável.

f. O betão leve tem baixa condutividade térmica^ Em condições climáticas extremas, onde o ar condicionado deve ser instalado, a utilização de betão leve com baixa condutividade térmica é vantajosa do ponto de vista do conforto térmico e do baixo consumo de energia.

g. Os agregados leves de betão apresentam uma elevada resistência ao fogo.

h. A estrutura celular do agregado leve estrutural proporciona uma cura interna através do arrastamento de água, o que é especialmente benéfico para o betão de elevado desempenho

ii. betão pesado

O betão pesado utiliza agregados naturais pesados, como a barita ou a magnetite, ou agregados manufacturados, como a granalha de ferro ou de chumbo. A densidade alcançada dependerá do tipo de agregado utilizado. Tipicamente, utilizando barites, a densidade será da ordem dos $3.500kg/m^3$, o que é 45% superior à do betão normal, enquanto que com magnetite a densidade será de 3.900kg/m3, ou 60% superior à do betão normal. Os betões muito pesados podem ser obtidos com granalha de ferro ou de chumbo como agregado, é de $5.900kg/m^3$ e $8.900kg/m^3$ respetivamente.

Caraterísticas do betão pesado

-São principalmente utilizados na construção de protecções contra radiações (médicas ou nucleares). No mar, o betão pesado é utilizado para lastro de condutas e estruturas semelhantes - Elevado módulo de elasticidade, baixa expansão térmica, baixa elasticidade e deformação por fluência são propriedades ideais.
-A maior parte   dos agregados de gravidade específica é superior a 3,5

iii. Betão maciço

O betão maciço é definido no ACI como "qualquer volume de betão com dimensões suficientemente grandes para exigir que sejam tomadas medidas para lidar com a geração de calor a partir da hidratação do cimento e a consequente alteração de volume para minimizar a fissuração". O projeto de estruturas de betão maciço baseia-se geralmente na durabilidade, economia e ação térmica, sendo a resistência muitas vezes uma preocupação secundária e não primária. A única caraterística que distingue o betão em massa de outras obras de betão é o comportamento térmico. Muitos dos princípios da prática do betão em massa podem também ser aplicados a trabalhos de betão em geral, o que permite obter benefícios económicos e outros. As práticas de betão em massa foram desenvolvidas em grande parte a partir da construção de barragens de betão, onde a fissuração relacionada com a temperatura foi identificada pela primeira vez. A fissuração relacionada com a temperatura também se tem verificado noutras estruturas de betão de secção espessa, incluindo fundações em esteira, coroamento de estacas, pilares de pontes, paredes espessas e revestimentos de túneis

iv. N.   º Betão fino

O betão sem finos é constituído apenas por agregado grosso, cimento e água. Este tipo de betão é utilizado para paredes exteriores de edifícios que suportam cargas moldadas in situ. Também é utilizado para estruturas temporárias devido ao seu baixo custo inicial e pode ser reutilizado como agregado.

v. Betão Polímero

O betão polímero é um agregado ligado com um ligante polimérico em vez de cimento Portland como no betão convencional. A principal técnica na produção de betão polímero consiste em minimizar o volume de vazios na massa agregada, de modo a reduzir a quantidade de polímero necessária para ligar o agregado. Isto consegue-se classificando e misturando corretamente o agregado para atingir a densidade máxima e o mínimo de vazios.

Existem principalmente 4 tipos de betão polímero

1. betão impregnado de polímero

2. betão de cimento polímero

3. betão polímero

4. betão polímero parcialmente impregnado e revestido à superfície.

Os aditivos são materiais úteis no betão utilizados para modificar as caraterísticas da mistura de betão, a fim de melhorar ou endurecer o betão, incluindo: acelerador, retardador e redutor de água.

Trabalhabilidade do betão

O termo trabalhabilidade é utilizado para descrever a facilidade com que um betão acabado de misturar pode ser compactado. O teor de cimento, a classificação geral do agregado e a forma das partículas do agregado afectam a quantidade de água necessária para produzir um betão "trabalhável". A trabalhabilidade de uma mistura de betão deve ser adequada para permitir que o betão seja totalmente compactado com o método de compactação disponível. Dependendo do grau de trabalhabilidade. Pode ser descrita pelos resultados de um slump, de um fator de compactação ou de um ensaio "Vebe". A resistência do betão de uma dada proporção de mistura pode ser seriamente afetada pelo grau de compactação e, por isso, é vital que a consistência da mistura seja tal que o betão possa ser transportado, colocado e acabado suficientemente sem segregação (Tretyakov, 1964)

2.3 Agregados

Os agregados são definidos como materiais granulares que podem ser aglutinados num produto monolítico como o betão. Os agregados constituem normalmente entre 50% e 80% do volume do betão convecional, as pedras britadas, o cascalho e outros agregados estão amplamente disponíveis e são baratos quando comparados com a maioria dos outros tipos de materiais de construção.

2.3.1 Tipos de agregados

Existem vários tipos de agregados, alguns dos quais são:

i.   Agregados leves

ii. Agregados de alta densidade

iii. Agregados de densidade normal

i. Agregados leves

Os agregados leves são um tipo de agregado grosso utilizado na produção de produtos de betão leve, como blocos de betão, betão estrutural e pavimentos. O código de Classificação Industrial Padrão (SIC) para o fabrico de agregados leves é 3295;

A maioria dos agregados leves é produzida a partir de materiais como argila, xisto ou ardósia. No entanto, a escória de alto-forno, a pedra-pomes natural, a vermiculite e a perlite podem ser utilizadas como substitutos. Para produzir agregados leves, a matéria-prima (excluindo a pedra-pomes) é expandida até cerca do dobro do volume original da matéria-prima. O material expandido tem propriedades semelhantes às do agregado natural, mas é menos denso e, por conseguinte, produz um produto de betão mais leve.

Os agregados leves incluem pedra-pomes, serradura, casca de arroz, grânulos térmicos e escória formada, etc. O agregado leve tem melhores propriedades térmicas, melhores classificações de fogo, retração reduzida, excelente durabilidade de congelamento e descongelamento, melhor contacto entre o agregado e a matriz de cimento, menos microfissuras como resultado de uma melhor compatibilidade elástica, mais resistente a explosões e tem melhor absorção de choques e som. O betão com agregado leve de alto desempenho também tem menos fissuras, melhor resistência à derrapagem e é facilmente colocado pelo método de bombagem de betão. A estrutura celular do agregado leve estrutural proporciona uma cura interna através da entrada de água, o que é especialmente benéfico para o betão de elevado desempenho

ii. Agregados de alta densidade

A elevada densidade dos agregados densos resulta numa diminuição do volume para um determinado peso ou, em alternativa, num aumento do peso por um determinado volume, proporcionando uma melhor economia global. As excelentes caraterísticas das partículas dos agregados altamente densos permitem a produção fácil de betão de alta qualidade e resistência com uma densidade de até 240 lbs/ft3, cerca de 65% mais denso do que o betão padrão, que é tipicamente 145 libras por pé cúbico.

Os agregados densos têm uma longa história de utilização como material de construção, tanto para aplicações in-situ como pré-fabricadas. É um dos poucos materiais "amigos do ambiente" disponíveis: trata-se de um óxido de ferro natural que é inofensivo para o ambiente e não é tóxico em todas as suas formas. O betão fabricado com agregados de alta densidade é preferido em relação a outras tecnologias de blindagem, uma vez que é também um material estrutural.

iii. Agregados de densidade normal

Os agregados de peso normal têm uma gravidade específica de 1,5 a 3,0. O tipo mais comum deste agregado é obtido a partir de rochas naturais, ou seja, cascalho, areia e pedras britadas. Escória de alto-forno, tijolos partidos, granitos, calcário, pedra de areia, todos se enquadram nos agregados de peso normal que podem ser utilizados para produzir um betão normal com densidades de cerca de 22402600 kg/m.

2. 4Cimento

O cimento é um material com propriedades adesivas que o tornam capaz de unir fragmentos minerais num todo compacto. Esta definição abrange uma grande variedade de materiais de cimentação para fins de construção; o significado do termo "cimento" pode ser restringido aos materiais de ligação utilizados para pedras, areia, tijolos e blocos de construção, etc. Os diferentes tipos de cimento utilizados para fazer betão são pós finamente moídos, todos com a mesma propriedade, ou seja, quando misturados com água, dá-se uma reação química (hidratação) que, com o tempo, produz um meio de ligação muito duro e forte para as partículas agregadas. Existem vários tipos de cimento, nomeadamente Portland, misturado, cimento de alta alumina, etc.

2. 5Água

A água é um ingrediente importante na mistura de betão e a sua gravidade tem um papel vital na resistência do betão. As qualidades da água também desempenham um papel importante. A água que é portátil será normalmente adequada para a betonagem. A água tem de estar presente no betão fresco não só para hidratar o cimento, mas também para o converter numa pasta, tornando assim o betão trabalhável (Neville & Brooks, 2002). As impurezas na água interferem com a presa do cimento e afectam a resistência do betão ou causam manchas na sua superfície e podem também levar à corrosão das armaduras. Por conseguinte, a água para betonagem deve ser própria para beber e deve estar isenta de partículas em suspensão, materiais orgânicos e sabão que possam afetar a hidratação do cimento.

CAPÍTULO 3

3.0MATERIAIS   **E MÉTODO**

3.   1Materiais

Serragem

A serradura foi obtida a partir de madeira de sombra localizada na zona de Kpakungu em Minna, Estado do Níger, Nigéria. A serradura consistia em aparas de várias madeiras duras e macias, tais como Mahogamy, Madobia, Araba, Opepe e Asuelo. Foi seca ao sol e guardada em sacos impermeáveis.

Granito

O granito (agregado grosso) utilizado no estudo tinha uma dimensão de 20 mm. Foi obtido na pedreira de Maitunbi em Minna, Estado do Níger, Nigéria.

Areia

A areia foi obtida no Campus Gidan Kwano de Futminna Minna, estado do Níger, Nigéria. Foi cuidadosamente lavada com água para reduzir o nível de impurezas e matéria orgânica e posteriormente seca ao sol. Estava em conformidade com os requisitos da norma BS 882 (1982).

Cimento

O cimento utilizado foi o cimento Portland comum. Foi adquirido em Minna, na Nigéria, e estava em conformidade com os requisitos da norma BS 12 (1996).

Água

A água utilizada para o estudo foi obtida a partir de um furo. A água estava limpa e isenta de quaisquer impurezas visíveis. Estava em conformidade com os requisitos da norma BS 3148 (1980).

3.2 Determinação das propriedades físicas dos agregados.

Foram efectuados os seguintes ensaios nos agregados:

i.   Teste de gravidade específica

ii.   Teste de análise granulométrica

iii.   Ensaio do teor de humidade

iv.   Ensaio de densidade de massa

v.   Ensaio de absorção de água

vi.   .1 Ensaio de gravidade específica

De acordo com a ASTMC 127-93, a gravidade específica (ou densidade relativa) é a relação entre a massa (ou peso no ar) de um volume unitário de material e a massa do mesmo volume de água à mesma temperatura. A gravidade específica de um material depende da quantidade de vazios e da gravidade específica dos materiais de que é composto. É utilizada para calcular as quantidades de materiais.

6.2.1.1   Aparelhos

Garrafa de 1.   densidade

2. espátula

3. balança de peso eléctrica

4. Bandeja

5. Cilindro de medição

3.2.1.   2Procedimento de ensaio

O teste de gravidade específica foi efectuado de acordo com o método prescrito na BS 812: parte 2, 1975 para agregados finos e grossos.

3.2.   2Teste de análise granulométrica

A análise granulométrica é o processo de divisão de uma amostra de agregado em fracções da mesma dimensão de partícula, com o objetivo de determinar a classificação ou distribuição granulométrica do agregado. Uma amostra de agregado seco ao ar é classificada por agitação ou vibração de um ninho de peneiras empilhadas, com a maior peneira no topo, durante um período de tempo especificado, de modo a que o material retido em cada peneira represente a fração mais grosseira do que a peneira em questão, mas mais fina do que a peneira acima.

Todas as dimensões acima de 5 mm são agregados grosseiros e as dimensões inferiores a 5 mm são agregados finos. A curva de classificação é obtida traçando a percentagem cumulativa de aprovação na ordenada e as dimensões do peneiro na abcissa. Uma boa classificação permite uma trabalhabilidade razoável e uma segregação mínima.

3.2.2.1 Análise granulométrica dos agregados (areia, cascalho e serradura)

3.2.2.2 Aparelhos

Peneiras i.   B.S. de 28mm a 5mm para o agregado grosso e de 5mm a 75micro- metros para o agregado fino.

ii.   colher

iii.   balança eléctrica

iv. Agitador mecânico de peneiras

V   . Prato de pesagem

VI   .Conjunto de escovas

3.2.2.3 Procedimento de ensaio

O ensaio de análise granulométrica para agregados finos, grossos e serradura foi efectuado de acordo com a normaBS 812: parte 1: 1975

3.2.   3Teste do teor de humidade

O teor de humidade é a água em excesso do estado saturado e seco à superfície de um agregado. Assim, o teor total de água de um agregado húmido é igual à soma da absorção e do teor de humidade.

O agregado exposto à chuva acumula uma quantidade considerável de humidade nos seus poros e a sua posterior humidificação faz com que seja envolvido por uma película de humidade. A humidade superficial ou livre é muito importante na conceção de misturas de betão. A humidade livre tende a anular a capacidade de trabalho, alterando a relação água/cimento. Por conseguinte, é necessário determinar o teor de humidade de um agregado e ter em conta esse teor no cálculo das quantidades de betão.

3.2.3.1 Aparelhos

I. forno

II. Amostra

III. O teor de humidade pode

Iv. Balança de pesagem

3.2.3.   2Procedimento de ensaio

O procedimento de ensaio utilizado é o prescrito na norma BS 812: parte 109: 1990

3.2.   4Ensaio de densidade de massa

A densidade aparente é a massa real da amostra que encheria um recipiente de volume unitário, e esta densidade é utilizada para converter quantidades em massa em quantidades em volume. A densidade aparente depende da densidade com que o agregado é embalado e, consequentemente, da distribuição do tamanho e da forma das partículas. Para um agregado grosso de uma dada gravidade específica, uma densidade aparente mais elevada significa que há poucos vazios a preencher com areia e cimento. Assim, para efeitos de ensaio, o grau de compactação tem de ser especificado. A norma BS 812: parte 2: 1975 reconhece dois graus: solto e compactado.

3.2.4.1 Aparelhos

i. Um contentor

ii. uma barra de calcar metálica reta de secção circular

iii. uma balança com capacidade de leitura e precisão de 0,5% do peso da amostra a pesar

3.2.4.2 Procedimento de ensaio

O procedimento utilizado estava em conformidade com a norma BS 812: parte 2: 1975. Os resultados obtidos são os apresentados no capítulo quatro.

3.2.5 Ensaio de absorção de água

A porosidade, permeabilidade e absorção dos agregados influenciam a ligação entre eles e a pasta de cimento, a resistência do betão ao congelamento e descongelamento, bem como a estabilidade química, a resistência à abrasão e a gravidade específica.

A absorção de água é determinada medindo a diminuição da massa de uma amostra saturada e seca à superfície após secagem em estufa durante 24 horas. A razão entre a diminuição da massa e a massa da amostra seca, expressa em percentagem, é denominada absorção.

3.2.5.1   Aparelhos

i. balança de pesagem

ii. Forno

iii. Amostra

3.2.5.   2Procedimento de ensaio

O procedimento de ensaio é o descrito na BS 1881: parte 122: 1983.

3.3 Conceção da mistura

Foi adotado o método de volume absoluto para a conceção da mistura

Fórmula: $V_C + V_S + V_{SW} + V_G + V_W + V_{ar}{}^V{}_{betão}$

Onde: V_C = Volume de cimento

V_S = Volume de areia

$V_S\,d$ = Volume de serradura

V_G= Volume de gravilha

V_w= Volume de água

V_{air}= Volume de ar

$V_{concreto}$= Volume de betão

Materiais

Grau de cimento = 43, em conformidade com a norma IS: 269: 1989

Tamanho máximo do agregado (MSA) = 20mm

Agregado fino = zona-1 (de acordo com IS: 383-1970)

Tipo de agregado grosso: angular

Graviedades específicas dos materiais:

Cimento=3   ,15

Agregado fino (areia) = 2,85

Serragem=   0,37

Agregado grosso=2   ,66

Água=1   ,0

Cálculo

$$V_C + V_S + V_{SD} + V_G + V_W + V_{air} = V_{concrete}$$

But density = $\dfrac{\text{Mass}}{\text{Volume}}$ i.e. $\rho = M/V$

Also, $V = W/\rho$ and $\rho = 1000 \times SG$

$$\frac{W_C}{1000 \times SGc} + \frac{W_S}{1000 \times SGs} + \frac{W_{SD}}{1000 \times SGsD} + \frac{W_G}{1000 \times SGG} + \frac{W_W}{1000 \times SGw} + 0.02 = 1m^3 ..i$$

$$\frac{W_C}{1000 \times 3.15} + \frac{W_S}{1000 \times 2.85} + \frac{W_{SD}}{1000 \times 0.37} + \frac{W_G}{1000 \times 2.66} + \frac{W_W}{1000 \times 1} = 1 - 0.02 ....ii$$

De W/C = 0,45

Além disso, a partir do rácio de mistura 1:2:4

$$\frac{W_C}{W_S} = \frac{1}{2} \qquad \text{Therefore, } W_S = 2W_C$$

$$\frac{W_C}{W_G} = \frac{1}{4} \qquad \text{Therefore, } W_G = 4W_C$$

$$W_{SD} = \% \times 2W_C$$

$$W_W = 0.45 \times W_C$$

Substituindo W_s, W_G, W_{SD} e W_w na equação ii

Temos

$$W_C = \frac{0.98}{(1/1000 \times SGc) + (2/1000 \times SGs) + (px2/1000 \times SGsD) + (4/1000 \times SGG) + (0.45/1000 \times SGw)}$$

Onde: p é a percentagem de substituição de areia por serradura em decimal

Os resultados das várias quantidades de materiais necessários para a mistura de betão são apresentados em seguida.

Quadro 3.3: Composição da mistura (para 12 cubos cada para as diferentes percentagens de substituição)

% Replacement	W_C	W_S	W_G	W_{SD}	W_W
0	16.02	32.04	64.08	0	7.21
10	13.56	27.11	54.22	2.71	6.10
20	11.75	23.50	46.99	4.70	5.29
30	10.37	20.73	41.46	6.22	4.66
40	9.27	18.55	37.10	7.42	4.17
50	8.39	16.78	33.57	8.39	3.77

1.1.1 Batching de materiais

A dosagem dos materiais foi efectuada por peso. As percentagens de substituição dos agregados finos por serradura foram 0%, 10%, 20%, 30%, 40% e 50%. Isto foi feito para determinar a proporção que daria o resultado mais favorável. A substituição de 0% serviu de controlo para as outras amostras.

Design Mix

Os cálculos das massas dos constituintes foram efectuados para uma resistência pretendida do betão de

.... ^{2}
20N/mm e são os indicados na Tabela 1 abaixo.

Tabela -3.3.1 Massa dos constituintes para substituição de serradura para um lote.

Sawdust Replacement (%)	Mass of Constituents (kg)			
	Cement	Sawdust	Sand	Granite
0	1.179	–	2.359	4.718
10	1.179	0.236	2.123	4.718
20	1.179	0.472	1.887	4.718
30	1.179	0.708	1.651	4.718
40	1.179	0.944	1.415	4.718
50	1.179	1.180	1.180	4.718

3.4 MÉTODOS

Agregados finos, cimento, serradura e água foram combinados para formar uma pasta que preenche os espaços vazios à volta do agregado grosso. Ao longo do tempo, ocorre um processo químico chamado hidratação, transformando a "massa semi-líquida" num material de engenharia duro e forte. Nesta investigação, a serradura foi utilizada como substituto parcial do agregado fino (ou seja, areia). Este projeto tenta implementar que o cimento - areia - serradura - gravilha pode ter a mesma vantagem que a mistura padrão de cimento - areia - gravilha. Ambos misturados na proporção de 1: 2: 4 de cimento, agregado fino e agregados grossos, respetivamente. Foram moldados setenta e dois cubos com as mesmas proporções de volume. Depois de colocados nos moldes, foram deixados a endurecer durante 24 horas e mantidos num tanque de cura. As amostras curadas foram ensaiadas aos 7, 14, 21 e 28 dias para determinação da resistência à compressão.

3.4.1 Mistura de betão

O betão foi misturado manualmente porque o volume a utilizar não justifica a utilização de uma central de mistura mecânica. A mistura a seco da areia, da serradura e do cimento foi efectuada com a adição de granito, seguida da adição de água. Os materiais foram bem misturados até obterem uma consistência adequada e uma cor uniforme.

3.4.2 Fundição de amostras

A dimensão da cofragem adoptada foi de 150 x 150 x 150 mm. O betão foi misturado, colocado e compactado em três camadas. As amostras foram desmoldadas após 24 horas e mantidas num tanque de cura durante 7, 14, 21 e 28 dias, conforme necessário. A prescrição Bs 1881: parte 108: 1983 foi seguida para a moldagem do cubo.

3.4.3 Cura de amostras

A cura é a manutenção de um teor de humidade e de uma temperatura adequados no betão nas primeiras idades, para que este possa desenvolver as propriedades que a mistura foi concebida para atingir. A cura começa imediatamente após a colocação e o acabamento, para que o betão possa desenvolver a resistência e a durabilidade desejadas. A cura dos cubos foi efectuada de acordo com a norma BS 1881: parte iii: 1983.

As amostras foram curadas por imersão num tanque de cura cheio de água (método de flutuação) e testadas quanto à resistência aos 7, 14, 21 e 28 dias.

3.   5 Ensaio de trabalhabilidade do betão

Foram realizados os seguintes ensaios de trabalhabilidade no betão fresco:

3.5.1   Ensaio de abatimento

3.5.2   Ensaio do fator de compactação.

3.5.3 Ensaio de queda

O ensaio de abatimento fornece formas úteis de detetar variações na uniformidade de uma determinada proporção nominal.

3.5.3.1   Aparelhos

i.   Um molde cónico truncado

ii.   Amostra mista

iii.   Espátula

iv.   Regra da madeira

v.   Barra de compactação (600 mm de comprimento x 16 mm de diâmetro)

3.5.3.   2Procedimento de ensaio

O ensaio de abatimento foi efectuado de acordo com a prescrição da BS 1881: parte 102:1983. O resultado do ensaio é apresentado no capítulo quatro.

3.5.   4Ensaio do fator de compactação

No ensaio do fator de compactação, é realizado um trabalho padrão sobre a mistura de betão, sendo o trabalho realizado o produto do peso do betão e da altura através da qual este cai. O fator de compactação é definido como a relação entre o peso do betão parcialmente compactado e o peso do mesmo volume de betão totalmente compactado.

3.5.4.1   Aparelhos

i.   Aparelho de fator de compactação

ii.   Amostra mista

iii.   uma espátula

lv.Vareta de compactação

3.5.4.   2Procedimento de ensaio

O procedimento de ensaio é o descrito na norma BS 1881: parte 103: 1993. O resultado é o apresentado no capítulo quatro.

3.6 Ensaios em betão endurecido

3.6.1 Ensaio de resistência à compressão (ensaio de esmagamento)

Os cubos foram secos ao ar, pesados e colocados axialmente na máquina de trituração com os dois lados do cubo em contacto com o prato da máquina de ensaio. A máquina foi ligada e os cubos foram esmagados. A resistência ao esmagamento foi determinada aos 7, 14, 21 e 28 dias de cura. A resistência à compressão é determinada de acordo com a norma BS 1881: parte ii: 1983, e a resistência à compressão foi calculada da seguinte forma.

$$\text{Resistência à compressão} = \frac{\text{Carga de esmagamento (N)}}{\text{Área efectiva (mm})^2}$$

Os resultados são os apresentados no capítulo quatro.

CAPÍTULO 4

4.0RESULTADOS E DISCUSSÕES

4. 1Gravidade específica dos agregados

Os quadros 4.1.1 e 4.1.3 apresentam os resultados da gravidade específica da areia e da gravilha utilizadas. Os valores médios obtidos para a gravidade específica dos agregados foram 2,85 e 2,66, respetivamente. Em comparação com os valores de 2,7-2,8 para a areia e 2,5-2,7 para a gravilha especificados na norma BS 812: parte 2: 1975. Os agregados são adequados para o objetivo pretendido.

$$\text{Specific gravity, } G_s = \frac{(W_2 - W_1)}{(W_4 - W_1) - (W_3 - W_2)}$$

Onde:

G_s = gravidade específica

W_1 = peso do cilindro

W_2 = peso da garrafa + amostra seca

W_3 = peso da garrafa + água + amostra

W_4 = peso do cilindro + água

Tabela 4.1.1: Gravidade específica da areia

Test No.	1	2	3
Weight Of Cylinder, W_1 (g)	130	125	117
Weight Of Cylinder + Dry Sample, W_2 (g)	178	166	179
Weight Of Cylinder + Water + Sample, W_3 (g)	245	235	241
Weight Of Cylinder + Water, W_4 (g)	206	219	218
W_2-W_1 (g)	48	41	62
W_4-W_1 (g)	76	94	101
W_3-W_2 (g)	67	69	62
$Gs = \dfrac{(W_2-W_1)}{(W_4-W_1)-(W_3-W_2)}$	5.33	1.64	1.59
Average, Gs		2.85	

Tabela 4.1.2: Gravidade específica da serradura

Test No.	1	2	3
Weight Of Cylinder, W_1 (g)	130	121	118
Weight Of Cylinder + Dry Sample, W_2 (g)	140	139	127
Weight Of Cylinder + Water + Sample, W_3 (g)	223	243	210
Weight Of Cylinder + Water, W_4 (g)	272	256	218
W_2-W_1 (g)	10	13	9
W_4-W_1 (g)	142	135	100
W_3-W_2 (g)	83	104	83
$Gs = \dfrac{(W_2-W_1)}{(W_4-W_1)-(W_3-W_2)}$	0.17	0.42	0.53
Average, Gs		0.37	

O quadro 4.1.2 acima apresenta o cálculo pormenorizado da gravidade específica da serradura utilizada; o

valor médio obtido foi de 0,37. Isto indica que a relação entre o peso do volume de serradura e o peso de

igual volume de água é de 0,37, indicando que a serradura é um material leve. Assim, permitiu que o

volume de serradura sólida fosse prontamente determinado conforme especificado na BS 812: parte 2:

(1975).

Tabela 4.1.3: Gravidade específica do agregado grosso (cascalho)

Test No.	1	2	3
Weight Of Cylinder, W_1 (g)	520	520	520
Weight Of Cylinder + Dry Sample, W_2 (g)	625	616	614
Weight Of Cylinder + Water + Sample, W_3 (g)	673	676	671
Weight Of Cylinder + Water, W_4 (g)	619	609	613
W_2-W_1 (g)	105	96	94
W_4-W_1 (g)	99	89	93
W_3-W_2 (g)	48	60	57
$Gs = \dfrac{(W_2-W_1)}{(W_4-W_1)-(W_3-W_2)}$	2.06	3.31	2.61
Average, Gs		2.66	

4.2 Teor de humidade dos agregados

As tabelas 4.2.1, 4.2.2 e 4.2.3 mostram os teores de humidade da areia, serradura e gravilha. Isto indica que

a água em excesso do estado saturado e seco à superfície é de 4,23%, 28,58% e 1,54% para a areia,

serradura e gravilha, respetivamente. Estes teores de humidade foram tidos em conta no cálculo das

quantidades dos lotes e na necessidade total de água da mistura, tal como especificado na norma BS812:

parte 109: 1990, e assim permitiu a diminuição da massa de água adicionada à mistura e o aumento da

massa de agregados numa quantidade igual à massa do teor de humidade.

Moisture Contents, $Mc = \dfrac{W_2-W_3}{W_3-W_1} \times \dfrac{100}{1}$

Onde: Mc= teor de humidade, %

W2 = peso da lata + amostra húmida, (g)

W3 = peso da lata + amostra seca em estufa, (g)

W1 = peso da lata vazia, (g)

Tabela 4.2.1: Teor de humidade dos agregados finos (areia)

Can no.	A1	A2	A3
Weight of empty can, W_1(g)	25	25	22
Weight of can + wet sample, W_2 (g)	73.8	53.2	57.5
Weight of can + oven dried sample, W_3 (g)	72	52	56
Weight of water (W_2-W_3), (g)	1.8	1.2	1.5
Weight of dried sample (W_3-W_1), (g)	47	27	34
Water content, Mc (%) = $\dfrac{(W_2-W_3)}{(W_3-W_1)} \times \dfrac{100}{1}$	3.83	4.44	4.41
Average, Mc (%)		4.23	

Tabela 4.2.2: Teor de humidade da serradura

Can no.	B1	B2	B3
Weight of empty can, W_1(g)	24	23	25
Weight of can + wet sample, W_2 (g)	29.33	27.5	29.2
Weight of can + oven dried sample, W_3 (g)	28	27	28
Weight of water (W_2-W_3), (g)	1.33	0.5	1.2
Weight of dried sample (W_3-W_1), (g)	4	4	3
Water content, Mc (%) = $\dfrac{(W_2-W_3)}{(W_3-W_1)} \times \dfrac{100}{1}$	33.25	12.5	40
Average, Mc (%)		28.58	

Tabela 4.2.3: Teor de humidade dos agregados grossos (brita)

Can no.	A1	A2	A3
Weight of empty can, W_1(g)	25	24	24
Weight of can + wet sample, W_2 (g)	70.72	105	100.1
Weight of can + oven dried sample, W_3 (g)	70	105	99
Weight of water (W_2-W_3), (g)	0.72	0	1.1
Weight of dried sample (W_3-W_1), (g)	45	81	75
Water content, Mc (%) = $\frac{(W_2-W_3)}{(W_3-W_1)} \times \frac{100}{1}$	1.6	0	1.47
Average, Mc (%)		1.54	

4.3 Análise granulométrica dos agregados

Peso da amostra retida, (g) = (peso dos crivos + amostra) - (peso dos crivos vazios)

% peso retido = $\frac{\text{peso da amostra retida} \times 100}{\text{Peso total da amostra}}$ 1

% de peso que passa = 100- percentagem acumulada de peso retido

Tabela 4.3.1: Distribuição granulométrica dos agregados finos (areia)

Weight of sample before sieving = 500g

Sieve sizes (mm)	Weight of empty sieves (g)	Weight of sieves + sample (g)	Weight of sample retained (g)	Percentage weight retained	Cumulative percentage retained	Percentage passing
5.00	479	487	8	1.62	1.62	98.38
3.35	473	481	8	1.62	3.24	96.76
2.00	422	457	35	7.08	10.32	89.68
1.18	388	516	128	25.91	36.23	63.77
0.85	207	280	73	14.78	51.01	48.99
0.60	470	563	93	18.83	69.84	30.16
0.425	437	527	90	18.22	88.06	11.94
0.30	263	307	44	8.91	96.97	3.03
0.15	422	436	14	2.83	99.80	0.20
0.075	369	370	1	0.20	100	0
Pan	807	807	-	-	-	-
TOTAL			494			

O quadro 4.3.1 apresenta uma análise pormenorizada das distribuições granulométricas do agregado fino

(areia). Representa as várias fracções da mesma dimensão de partícula contidas na amostra.

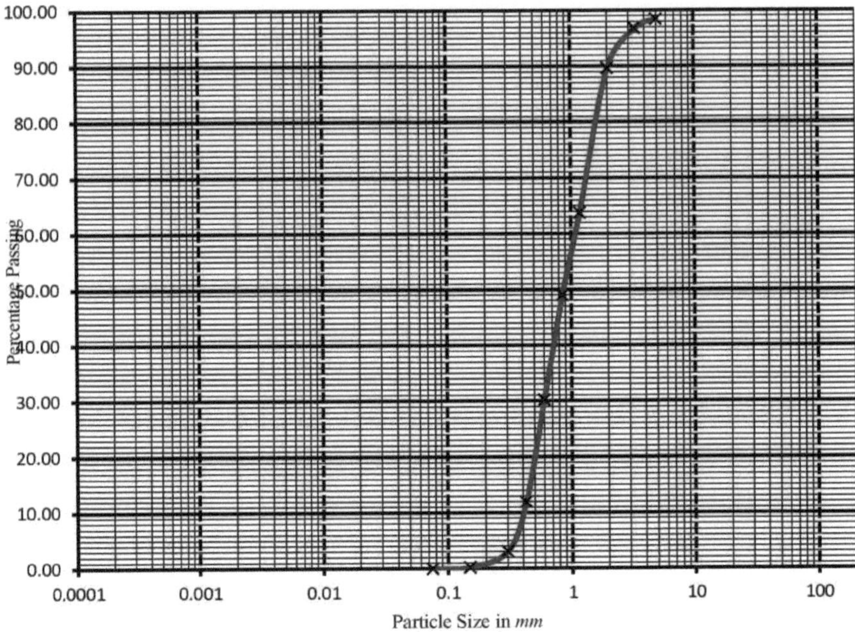

Figura 4.3.1: Curva de distribuição granulométrica da areia

O padrão do gráfico acima revela que a areia utilizada é uma areia bem graduada, contendo uma vasta gama

de tamanhos de partículas.

Tabela 4.3.2:   Distribuição do tamanho das partículas da serradura

Weight of sample before sieving = 300g

Sieve sizes (mm)	Weight of empty sieves (g)	Weight of sieves + sample (g)	Weight of sample retained (g)	Percentage weight retained	Cumulative percentage retained	Percentage passing
5.00	479	484	5	1.87	1.87	98.13
3.35	473	487	14	5.22	7.09	92.91
2.00	422	486	64	23.88	30.97	69.03
1.18	388	467	79	29.48	60.45	39.55
0.85	207	237	30	11.19	71.64	28.36
0.60	470	499	29	10.82	82.46	17.54
0.425	437	453	16	5.97	88.43	11.57
0.30	263	278	15	5.60	94.03	5.97
0.15	422	435	13	4.85	98.88	1.12
0.075	369	372	3	1.12	100	0
Pan	807	807	-	-	-	-
TOTAL			268			

O quadro 4.3.2 apresenta o resultado do ensaio de análise granulométrica da serradura. Mostra vários tamanhos de peneira com a percentagem de peso das amostras retidas e que passam através delas.

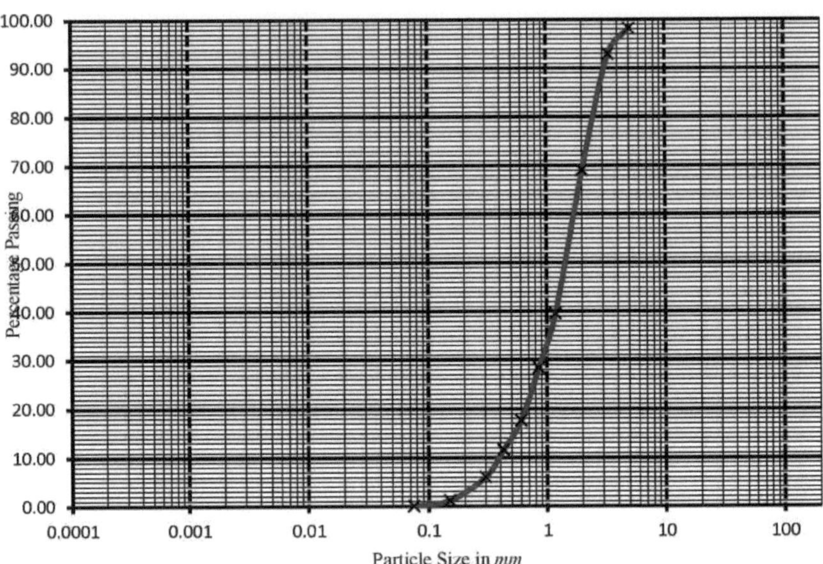

Figura 4.3.2: Curva de distribuição granulométrica da serradura

O gráfico acima é a curva de distribuição do tamanho das partículas da amostra de serradura. A curva indica que a amostra de serradura está bem classificada, contendo uma boa representação de todos os tamanhos de partículas entre os tamanhos máximo e mínimo.

Tabela 4.3.3: Distribuição granulométrica dos agregados grossos (cascalho)

Weight of sample before sieving = 500g

Sieve sizes (mm)	Weight of empty sieves (g)	Weight of sieves + sample (g)	Weight of sample retained (g)	Percentage weight retained	Cumulative percentage retained	Percentage passing
20.00	1476	1649	173	34.74	34.74	65.26
14.00	1398	1590	192	38.55	73.29	26.71
10.00	1346	1440	94	18.88	92.17	7.83
6.30	1346	1375	29	5.82	97.99	2.01
3.35	1349	1359	10	2.01	100	0
1.18	388	388	-	-	-	-
0.60	470	470	-	-	-	-
0.425	437	437	-	-	-	-
0.30	263	263	-	-	-	-
0.15	422	422	-	-	-	-
0.075	369	369	-	-	-	-
Pan	813	813	-	-	-	-
TOTAL			498			

A Tabela 4.3.3: é a distribuição granulométrica do agregado grosso, que mostra os vários tamanhos de partículas presentes nos agregados.

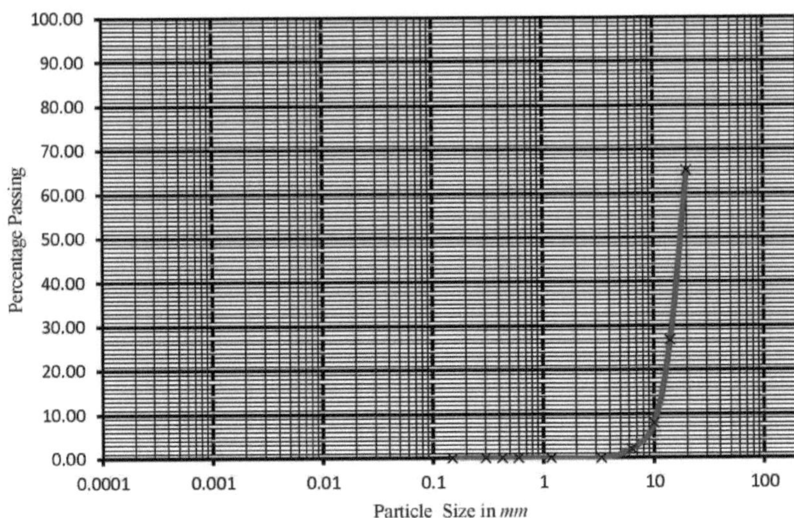

Figura 4.3.3: Curva de distribuição granulométrica do agregado grosso

A curva de distribuição granulométrica acima mostra que o agregado grosso é uniforme em tamanhos, consistindo de partículas com 20, 14, 10 e 6,3 mm apenas.

4.4 Densidade a granel dos agregados

A densidade aparente é a massa real da amostra que encheria um recipiente de volume unitário e é utilizada para converter quantidades em massa em quantidades em volume. A densidade aparente depende da densidade com que os agregados são embalados e, consequentemente, da distribuição do tamanho e da forma das partículas.

A densidade aparente compactada da areia mostra que os agregados finos estão densamente compactados; enquanto que a da serradura indica que a serradura estava fracamente compactada. O agregado grosso (cascalho), com uma densidade aparente compactada elevada de 0,89, indica que existem poucos vazios a serem preenchidos com areia e cimento (BS 812: parte 2: 1975).

Bulk Density = <u>weight of aggregates</u>

Volume of container

i.e. $\rho = \dfrac{Ws\text{-}Wc}{Vc}$

Comprimento do recipiente, L= 18cm, largura=9cm, e profundidade = 18,5cm

Volume do contentor, Vc= 2997cm^3

Tabela 4.4.1: Densidade aparente dos agregados finos (areia)

Test No.	1	2	3
Weight of empty container, Wc (g)	1064	1064	1064
Weight of container + sample, Ws, (g)	3358.5	3224	3236
Volume of container, Vc (cm^3)	2997	2997	2997
Bulk density, $\rho = \dfrac{(Ws\text{-}Wc)}{Vc}$ g/cm3	0.77	0.72	0.72
Average , ρ (g/cm^3)		0.74	

Tabela 4.4.1.1: Densidade aparente compactada dos agregados finos (areia)

Test No.	1	2	3
Weight of empty container, Wc (g)	1064	1064	1064
Weight of container + sample, Ws, (g)	3618	3613	3622
Volume of container, Vc (cm^3)	2997	2997	2997
Bulk density, $\rho = \dfrac{(Ws\text{-}Wc)}{Vc}$ g/cm3	0.85	0.85	0.85
Average , ρ (g/cm^3)		0.85	

Tabela 4.4.2: Densidade aparente da serradura

Test No.	1	2	3
Weight of empty container, Wc (g)	1064	1064	1064
Weight of container + sample, Ws, (g)	1314	1315	1315
Volume of container, Vc (cm^3)	2997	2997	2997
Bulk density, $\rho = \dfrac{(Ws\text{-}Wc)}{Vc}$ g/cm3	0.08	0.08	0.08
Average , ρ (g/cm^3)		0.08	

Tabela 4.4.2.1: Densidade a granel compactada da serradura

Test No.	1	2	3
Weight of empty container, Wc (g)	1064	1064	1064
Weight of container + sample, Ws, (g)	1407	1422	1420
Volume of container, Vc (cm^3)	2997	2997	2997
Bulk density, $\rho = \dfrac{(Ws\text{-}Wc)}{Vc}$ g/cm3	0.11	0.12	0.12
Average , ρ (g/cm^3)		0.12	

Tabela 4.4.3: Densidade aparente dos agregados grosseiros (cascalho)

Test No.	1	2	3
Weight of empty container, Wc (g)	1064	1064	1064
Weight of container + sample, Ws, (g)	3460	3472	3581
Volume of container, Vc (cm^3)	2997	2997	2997
Bulk density , $\rho = \dfrac{(Ws\text{-}Wc)}{Vc}$ g/cm3	0.80	0.80	0.84
Average , ρ (g/cm^3)		0.81	

Tabela 4.4.3.1: Densidade aparente compactada dos agregados grossos (cascalho)

Test No.	1	2	3
Weight of empty container, Wc (g)	1064	1064	1064
Weight of container + sample, Ws, (g)	3854	3604	3715
Volume of container, Vc (cm^3)	2997	2997	2997
Bulk density , $\rho = \dfrac{(Ws\text{-}Wc)}{Vc}$ g/cm3	0.93	0.85	0.88
Average , ρ (g/cm^3)		0.89	

4.5 Absorção de água dos agregados

A absorção dos agregados influencia a ligação entre eles e a pasta de cimento, a resistência do betão ao congelamento e descongelamento e a estabilidade química. Como mostram as tabelas abaixo, a serradura (807,78%) absorve mais água do que a areia (122,86%) e a gravilha (104,13%). Esta absorção de água dos agregados foi deduzida da necessidade total de água da mistura para obter a relação água/cimento efectiva, que controla tanto a trabalhabilidade como a resistência do betão.

$$\% \text{ water absorption} = \frac{W3-W1}{W2-W1} \times \frac{100}{1}$$

Onde: W1= peso da lata vazia

W2 = peso da lata + amostra seca

W3= peso da lata + amostra húmida

Tabela 4.5.1 Absorção de água dos agregados finos (areia)

Sample No.	S1	S2	S3
Weight of empty can, W1 (g)	25	25	24
Weight of can + dry sample, W2, (g)	60	60	59
Weight of can + wet sample, W3 (g)	70	71	62
Weight of oven dried sample, W2-W1,(g)	35	35	35
Weight of sample + water W3-W1, (g)	45	46	38
% absorption = $\frac{W3-W1}{W2-W1} \times \frac{100}{1}$	128.57	131.43	108.57
Average % absorption		122.86	

Tabela 4.5.2 Absorção de água da serradura

Sample No.	B1	B2	B3
Weight of empty can, W1 (g)	23	23	24
Weight of can + dry sample, W2, (g)	29	28	27
Weight of can + wet sample, W3 (g)	62	60	55
Weight of oven dried sample, W2-W1,(g)	6	5	3
Weight of sample + water W3-W1, (g)	39	37	31
% absorption = $\frac{W3-W1}{W2-W1} \times \frac{100}{1}$	650	740	1033.33
Average % absorption		807.78	

Tabela 4.5.3 Absorção de água dos agregados grossos (brita)

Sample No.	G1	G2	G3
Weight of empty can, W1 (g)	25	24	23
Weight of can + dry sample, W2, (g)	66	66	62
Weight of can + wet sample, W3 (g)	68	67	64
Weight of oven dried sample, W2-W1,(g)	41	42	39
Weight of sample + water W3-W1, (g)	43	43	41
% absorption = $\frac{W3-W1}{W2-W1} \times \frac{100}{1}$	104.87	102.38	105.13
Average % absorption		104.13	

Figura 4.5: Gráfico de absorção de agregados

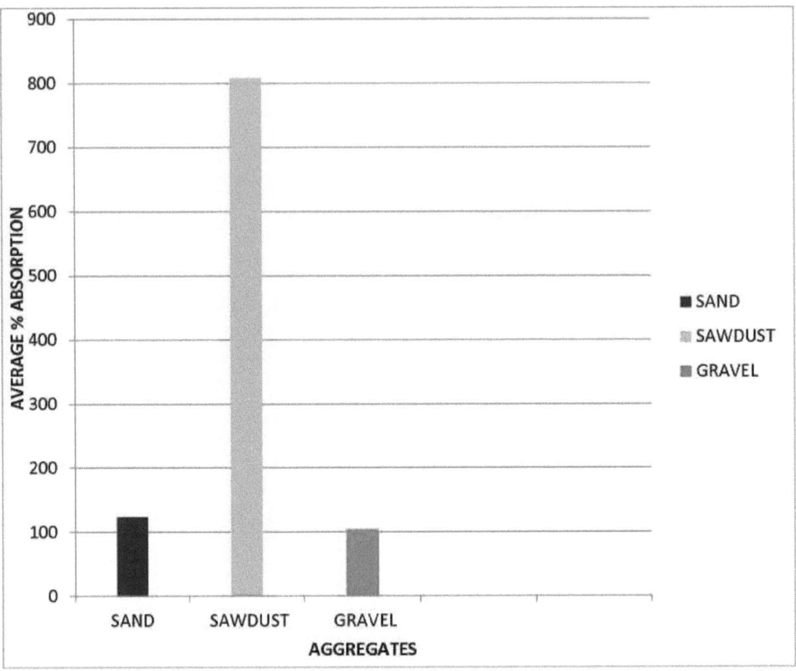

A figura 4.5 mostra que a serradura é um bom absorvente de água.

4.   6Ensaio de trabalhabilidade do betão

A trabalhabilidade é utilizada para descrever a facilidade com que o betão pode ser compactado. A trabalhabilidade de uma mistura de betão deve ser adequada para permitir que o betão seja totalmente compactado com o método de compactação disponível. Para determinar a trabalhabilidade do betão, foram utilizados dois ensaios: o ensaio de abatimento e o ensaio do fator de compactação. Os seus resultados são apresentados nas tabelas 4.6.1 e 4.6.2 abaixo.

Tabela 4.6.1: Ensaio de abatimento do betão

% Replacement	W/C Ratio	Height of Concrete Before Removal of Mould (mm)	Height of Concrete After Removal of Mould (mm)	Slump (mm)
0	0.45	297	267	30
10	0.45	297	209	88
20	0.45	297	257	40
30	0.45	297	265	32
40	0.45	297	252	45
50	0.45	297	207	90

O abatimento para as várias percentagens de substituição varia entre 30 mm e 90 mm, como mostra a tabela 4.6.1, enquanto os valores do fator de compactação variam entre 0,78 e 0,92. Isto indica que o grau de trabalhabilidade do betão é médio e que o betão será adequado para lajes planas compactadas manualmente utilizando agregados triturados, e betão armado normal compactado manualmente e secções fortemente armadas com vibração. As figuras 4.6.1 e 4.6.2 mostram o ensaio de abatimento e o ensaio do fator de compactação para várias percentagens de substituição.

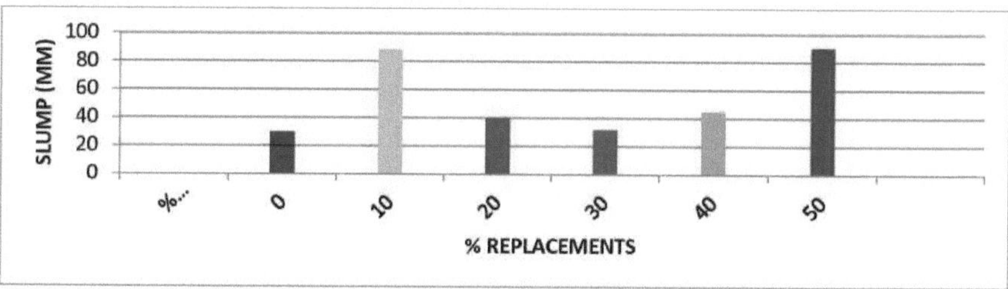

Figura 4.6.1Gráfico do ensaio de abatimento para várias percentagens de substituição

% Replacement	W/C Ratio	Weight of partially Compacted concrete A (g)	Weight of fully compacted concrete B (g)	Compactive factor A/B
0	0.45	12.60	13.70	0.92
10	0.45	10.00	12.90	0.78
20	0.45	9.47	11.22	0.84
30	0.45	8.42	9.99	0.84
40	0.45	8.56	9.42	0.91
50	0.45	7.69	8.94	0.86

Figura 4.6.   2 Factor de compactação   em função da percentagem de substituições

4. 7Ensaio de endurecimento do betão

Tabela 4.7.1: Resistência à compressão do betão aos sete dias

% Replacements	Date of casting	Date of crushing	Average Compressive Strength(N/mm^2)
0	14/06/2012	21/06/2012	17.70
10	14/06/2012	21/06/2012	1.91
20	18/06/2012	26/06/2012	0.15
30	18/06/2012	26/06/2012	0.09
40	18/06/2012	26/06/2012	0.04
50	18/06/2012	26/06/2012	0.00

Tabela 4.7.2: Resistência à compressão do betão aos catorze dias

% Replacements	Date of casting	Date of crushing	Average Compressive Strength(N/mm^2)
0	14/06/2012	28/06/2012	18.28
10	14/06/2012	28/06/2012	2.77
20	18/06/2012	03/07/2012	0.74
30	18/06/2012	03/07/2012	0.64
40	18/06/2012	03/07/2012	0.30
50	18/06/2012	03/07/2012	0.18

Tabela 4.7.3: Resistência à compressão do betão aos vinte e um dias

% Replacements	Date of casting	Date of crushing	Average Compressive Strength(N/mm^2)
0	14/06/2012	05/07/2012	19.19
10	14/06/2012	05/07/2012	4.18
20	18/06/2012	10/07/2012	0.83
30	18/06/2012	10/07/2012	0.63
40	18/06/2012	10/07/2012	0.33
50	18/06/2012	10/07/2012	0.22

Tabela 4.7.4: Resistência à compressão do betão aos vinte e oito dias

% Replacements	Date of casting	Date of crushing	Average Compressive Strength(N/mm^2)
0	14/06/2012	12/07/2012	20.09
10	14/06/2012	12/07/2012	7.41
20	18/06/2012	17/07/2012	0.96
30	18/06/2012	17/07/2012	0.68
40	18/06/2012	17/07/2012	0.46
50	18/06/2012	17/07/2012	0.36

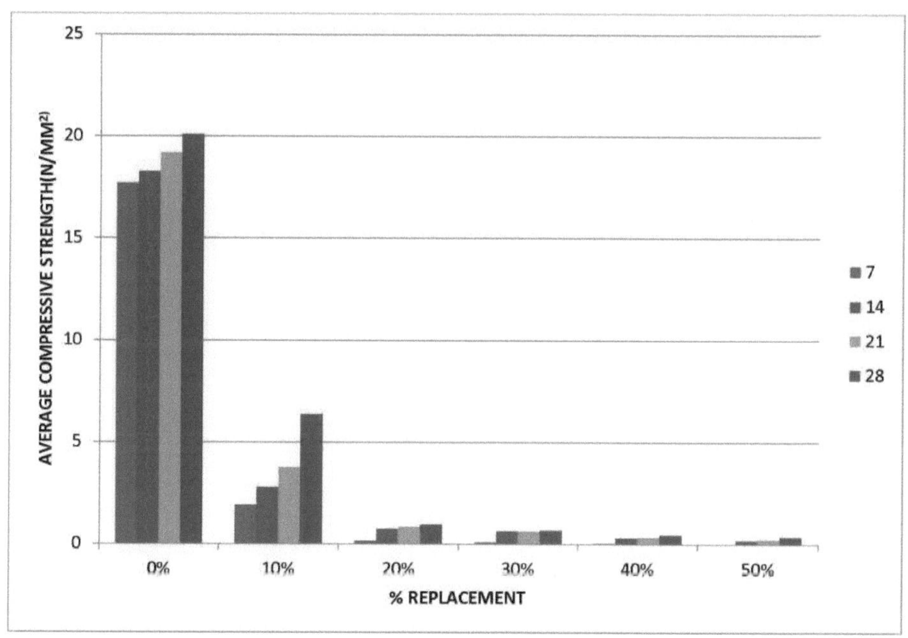

Figura 4.7: Efeito da substituição de areia por serradura na resistência à compressão.

É possível observar na Tabela 4.7.1-4.7.4. Que para o cubo de controlo, a resistência à compressão aumentou de 17,70 N/mm aos 7 dias para 20,09 N/mm aos 28 dias (ou seja, cerca de 14% de incremento). Isto foi equivalente ao betão de grau 20 que tem um valor especificado de 20N/mm (BS 8110, 1997). A amostra de substituição de 10% deu um valor de 7,41N/mm aos 28 dias, o que foi equivalente ao betão de grau 7, que tem um valor de 7N/mm especificado para o betão simples. Também pode ser observado que o peso da laje reduziu de 9,50 kg para 0% de substituição para 7,62 kg para 10% de substituição aos 28 dias, o que representa uma redução de cerca de 20% no peso. Com base no que precede e nos resultados obtidos, apenas a amostra com 10% de substituição satisfatoriamente os critérios. A Tabela 4.7.5 mostra os graus recomendados de betão de acordo com a BS 8110 (1997).

Tabela 4.7.5: Grau de betão recomendado (BS 8110, 1997)

Grade	Characteristics strength	Concrete class
7	7.0	Plain concrete
10	10.0	
15	15	Reinforced concrete with lightweight aggregate
20	20.0	Reinforced concrete with dense aggregate
25	25.0	
30	30.0	Concrete with post tensioned tendous
40	40.0	Concrete with pre tensioned tendous
50	50.0	
60	60.0	

CAPÍTULO 5

5.0CONCLUSÕES E RECOMENDAÇÕES

5. 1Conclusões

A partir dos resultados dos testes efectuados, podem ser tiradas as seguintes conclusões:

i. Existe a possibilidade de substituição parcial da areia por serradura na produção de betão leve.

ii. A substituição óptima de areia por serradura foi considerada como sendo de 10%. Para além deste limite, o betão produzido não satisfazia os requisitos de resistência da norma BS 8110 (1997).

iii. As caraterísticas de classificação dos materiais utilizados satisfazem os requisitos do código britânico para o betão leve.

iv. Os resultados promissores do betão de serradura são recomendados para fins não estruturais, por exemplo, para a construção de lancis na berma da estrada.

v. Para evitar a entrada de água, deve ser aplicada uma camada protetora de agentes impermeabilizantes como o zycosil para bloquear os poros existentes.

vi. Os materiais orgânicos estão sujeitos a deterioração ao longo do tempo, pelo que as aplicações de betão com serradura devem ser regularmente mantidas e substituídas quando necessário.

vii . O betão feito de serradura pode ser utilizado como betão isolante, de acordo com a norma ACI C-9; 213.

5. 2Recomendações

Com base no que precede, são feitas as seguintes recomendações para estudos futuros sobre o betão leve fabricado a partir de serradura:

i. Recomenda-se a lavagem a vapor do material de serradura e o pré-tratamento com produtos químicos inertes antes de o utilizar como agregado, em vez da lavagem normal efectuada no estudo.

ii. Deve ser estudado o efeito da resistência ao fogo no betão leve feito de serradura.

iii. Deve ser estudado o efeito dos aditivos e a permeabilidade do betão fabricado com várias percentagens de substituição.

iv. Devem ser realizados estudos de durabilidade de lajes de betão armado feitas com serradura.

REFERÊNCIAS

Abdullahi, M. (2006). Caraterísticas do betão de cinzas de madeira/Opc. Leonardo Electronic Journal ofPractices and Technologies 8: 9-16.

Ciesieiski, S.K. e R.J. Collins (1993), "Recycling and Use of Waste Materials and Byproducts in Highway Construction" volume I e II.

Eko, R.M. e Riskowski, G.L (1997). "Um Procedimento para o Processamento de Misturas de Solo, Cimento, Bagaço de Cana-de-Açúcar". Manuscrito da Revista de Investigação e Desenvolvimento Científico do CIGR, BC 99001, volume 111.

ETL (Engineering Technical Letter) (1999), "Use of Waste Materials in Building Construction", Department of Army, U.S army corps ofEngineers, Washington, DC.

Fernandez, H. (2007). Substituição parcial de areia por cinzas volantes. Conferência Internacional sobre a utilização e eliminação de cinzas volantes na Índia pelo CBIP. 45-54 *hppt://lejpt.academicdirect.org.*

Hato.H. e Takesue. M. (1984), "Manufacture of Artificial Lightweight Aggregates from Sewage Sludge by Multistage Stream Kiln", Actas, Conferência Internacional de Reciclagem, Berlim, Alemanha Ocidental, pp 469-464.

Gabinete de Informação, Estação de Investigação da Construção. 1943 Sawdust Cement, partes 1 e 2. Wood London, vol.8 no.11. novembro, pp:248-250, e vol.8, no 12, dezembro, pp 271-272.

Kulkarni, P.D. (2005). Materiais de Engenharia Civil. Instituto de Formação de Professores Técnicos de Chadigash. Pp.10-21.

Lertsatitthamakorn, C., Atthajariyakul, S. e Soponronnarit, S. (2009). Avaliação técnico-económica da cinza de casca de arroz (RHA). Based Sand-Cement Block for Reducing Solar Conduction Heat Gain to a Building. Construção e materiais de construção 23: 364-369.

Nasly, M.A, Yassin, A.A.M. (2009). Habitação sustentável utilizando um sistema inovador de construção com blocos de encaixe. Nos anais da quinta conferência nacional sobre engenharia civil (Awam '09): Rumo ao desenvolvimento sustentável, Kuala Lumpur, Malásia, pp. 130-138.

Neville, A.M.(2000). Properties of Concrete (Propriedades do betão). ELBS Pitman, 3rd edition pp. 55-63, 100-101, 130,148, 714-715.

Neville, A.M e Brooks, J.J (2002), Concrete Technology Longman Publisher, Singapura.

Comité NRMCA (National Ready Mixed Concrete Association) (2000), "Effect of Curing Condition on Compressive Strength of Concrete Test Specimens",

NRMCA publication No.53, National Ready Mixed Concrete Association, Silver Spring, MD.

Olanipekun, E.A (2006). A Comparative Study of Concrete Properties Using Coconut Shell and Palm Kernel Shell as Coarse Aggregates. Journal ofBuilding and Environment 41 (3): 297-301.

Olutoge F.A (1995). Um estudo da serradura, da casca de palmiste e da cinza de casca de arroz como substituto total/parcial da areia, do granito e do cimento no betão. Projeto de mestrado, Universidade de Lagos, Nigéria.

Rahman, M.A (1987). Properties of Clay-Sand-Rice Husk Ash Mixed Bricks (Propriedades dos tijolos mistos de argila, areia e cinza de casca de arroz). International Journal of Cement Composites and Lightweight Concrete, 9:pp 105-108.

Ramachandran, V.S., (1981), CBD-215. Waste and By-Products as Concrete Aggregate (Resíduos e subprodutos como agregado de betão). Canadian Building Digest Internet.

Russell, R., e Skelton (1938). Cement-Sawdust Concrete for Poultry House and dairy Barn Floors [Betão de Cimento-Serradura para Pavimentos de Galinheiros e Celeiros de Vacas leiteiras]. Extension circular 217 university of new Hampshire Extension Service, Durham, N.H 10.

Shelbrurne, W.M e Degroot, D.J. (1998). " The Use ofWaste and Recycled Materials in Highway Construction", Journal of the Boston Society of Civil Engineering Section/ ASCE, Civil Engineering Practice, volume 13 no I, pp. 5-16.

Tay, J.H. (1984), "Sludge and Incineration Residue as Building Construction Materials", proc. Conferência internacional sobre materiais de construção Interclean 84, Singapura. Pp252-261.

Tretyakov, A. (1964), Concrete Practice Mir publisher, Moscovo.

Udoeyo, F.F, Inyang, H., Young,D.T, e Oparadu, E.E (2006), Potential ofWood Waste Ash as an Additive in Concrete. Journal ofMaterials in Civil Engineering 18(4): 605611.

Washa, G.W, (1956). Properties of Lightweight Aggregates and Lightweight Concrete (Propriedades dos Agregados Leves e do Betão Leve). J. AM Concrete Institute, 5c: 375-382

APÊNDICE I

Quadro 3.3: Composição da mistura (para 12 cubos cada para as diferentes percentagens de substituição)

	SGC	SGS	SGSW	SGG	SGW	%	Quantities required for 12 cubes
	3.15	2.85	0.37	2.66	1	0	
WC	329.6362				0.0486		16.02032
WS	659.2725				0.0486		32.04064
WG	1318.545				0.0486		64.08128
WSW	0				0.0486		0
WW	148.3363				0.0486		7.209145

QUANTITIES OF MATERIALS REQUIRED FOR 10% REPLACEMENT

	SGC	SGS	SGSW	SGG	SGW	%	
	3.15	2.85	0.37	2.66	1	0.1	
WC	278.923				0.0486		13.55566
WS	557.846				0.0486		27.11131
WG	1115.692				0.0486		54.22263
WSW	55.7846				0.0486		2.711131
WW	125.5153				0.0486		6.100046

QUANTITIES OF MATERIALS REQUIRED FOR 20% REPLACEMENT

	SGC	SGS	SGSW	SGG	SGW	%	
	3.15	2.85	0.37	2.66	1	0.2	
WC	241.7333				0.0486		11.74824
WS	483.4665				0.0486		23.49647
WG	966.9331				0.0486		46.99295
WSW	96.69331				0.0486		4.699295

WW	108.78			0.0486		5.286707

QUANTITIES OF MATERIALS REQUIRED FOR 30% REPLACEMENT

SGC	SGS	SGSW	SGG	SGW	%	
3.15	2.85	0.37	2.66	1	0.3	
WC	213.2941			0.0486		10.36609
WS	426.5881			0.0486		20.73218
WG	853.1763			0.0486		41.46437
WSW	127.9764			0.0486		6.219655
WW	95.98233			0.0486		4.664741

QUANTITIES OF MATERIALS REQUIRED FOR 40% REPLACEMENT

SGC	SGS	SGSW	SGG	SGW	%	
3.15	2.85	0.37	2.66	1	0.4	
WC	190.8421			0.0486		9.274924
WS	381.6841			0.0486		18.54985
WG	763.3683			0.0486		37.0997
WSW	152.6737			0.0486		7.419939
WW	85.87893			0.0486		4.173716

QUANTITIES OF MATERIALS REQUIRED FOR 50% REPLACEMENT

SGC	SGS	SGSW	SGG	SGW	%	
3.15	2.85	0.37	2.66	1	0.5	
WC	172.6666			0.0486		8.391598
WS	345.3333			0.0486		16.7832
WG	690.6665			0.0486		33.56639
WSW	172.6666			0.0486		8.391598
WW	77.69998			0.0486		3.776219

APÊNDICE II

Tabela 4.7.1: Resistência à compressão de sete dias do betão

Cube No.	% Replacement	Date of casting	Date of crushing	Cube age	Weight of cube (kg)	Area of cube (mm²)	crushing load (KN)	Compressive strength N/mm²	Average compress. Strength N/mm²
A	0	14/6/	21/6/12	7	8.83	22500	482	21.42	
B	0	,,	,,	7	9.46	22500	432	19.20	17.70
C	0	,,	,,	7	8.42	22500	281	12.49	
A	10	14/6/	21/6/12	7	7.76	22500	50.00	2.22	
B	10	,,	,,	7	7.45	22500	27.00	1.20	1.91
C	10	,,	,,	7	7.27	22500	52.00	2.31	
A	20	18/6/	26/6/12	7	5.76	22500	4.00	0.18	
B	20	,,	,,	7	5.64	22500	2.00	0.09	0.15
C	20	,,	,,	7	5.56	22500	4.00	0.18	
A	30	18/6/	26/6/12	7	5.14	22500	2.00	0.09	
B	30	,,	,,	7	5.58	22500	2.00	0.09	0.09
C	30	,,	,,	7	5.41	22500	2.00	0.09	
A	40	18/6/	26/6/12	7	5.63	22500	1.00	0.04	
B	40	,,	,,	7	5.34	22500	1.00	0.04	0.04
C	40	,,	,,	7	5.30	22500	1.00	0.04	
A	50	18/6/	26/6/12	7	4.35	22500	0.00	0.00	
B	50	,,	,,	7	4.20	22500	0.00	0.00	0.00
C	50	,,	,,	7	4.15	22500	0.00	0.00	

Tabela 4.7.2: Resistência à compressão do betão aos catorze dias

Cube No.	% Replacement	Date of casting	Date of crushing	Cube age	Weight of cube (kg)	Area of cube (mm^2)	crushing load (KN)	Compressive strength N/mm^2	Average compress. Strength N/mm^2
A	0	14/6/	28/6/12	14	8.83	22500	482	21.42	
B	0	,,	,,	14	9.46	22500	432	19.20	18.28
C	0	,,	,,	14	8.42	22500	320	14.22	
A	10	14/6/	28/6/12	14	7.76	22500	61.00	2.71	
B	10	,,	,,	14	7.45	22500	62.00	2.76	2.77
C	10	,,	,,	14	7.27	22500	64.00	2.84	
A	20	18/6/	03/7/12	14	5.62	22500	10.00	0.44	
B	20	,,	,,	14	5.50	22500	15.00	0.66	0.74
C	20	,,	,,	14	5.30	22500	25.00	1.11	
A	30	18/6/	03/7/12	14	4.99	22500	10.00	0.44	
B	30	,,	,,	14	5.45	22500	14.00	0.62	0.64
C	30	,,	,,	14	5.61	22500	19.50	0.87	
A	40	18/6/	03/7/12	14	5.00	22500	6.00	0.27	
B	40	,,	,,	14	5.21	22500	8.00	0.36	0.30
C	40	,,	,,	14	5.54	22500	6.20	0.28	
A	50	18/6/	03/7/12	14	4.40	22500	2.00	0.09	
B	50	,,	,,	14	4.54	22500	6.20	0.28	0.18
C	50	,,	,,	14	5.25	22500	4.00	0.18	

Tabela 4.7.3: Resistência à compressão do betão aos vinte e um dias

Cube No.	% Replacement	Date of casting	Date of crushing	Cube age	Weight of cube (kg)	Area of cube (mm²)	crushing load (KN)	Compressive strength N/mm²	Average compress. Strength N/mm²
A	0	14/6/	05/7/12	21	8.56	22500	452	20.10	
B	0	,,	,,	21	8.68	22500	350	15.60	19.19
C	0	,,	,,	21	8.62	22500	492	21.87	
A	10	14/6/	05/7/12	21	7.56	22500	98.00	4.36	
B	10	,,	,,	21	7.36	22500	94.00	4.18	4.18
C	10	,,	,,	21	7.42	22500	90.00	4.00	
A	20	18/6/	10/7/12	21	6.00	22500	16.00	0.71	
B	20	,,	,,	21	5.68	22500	19.80	0.88	0.83
C	20	,,	,,	21	6.25	22500	20.20	0.90	
A	30	18/6/	10/7/12	21	5.94	22500	15.20	0.68	
B	30	,,	,,	21	5.86	22500	14.00	0.62	0.63
C	30	,,	,,	21	5.24	22500	13.50	0.60	
A	40	18/6/	10/7/12	21	5.52	22500	8.20	0.36	
B	40	,,	,,	21	5.92	22500	7.60	0.34	0.33
C	40	,,	,,	21	5.72	22500	6.20	0.28	
A	50	18/6/	10/7/12	21	4.56	22500	2.40	0.11	
B	50	,,	,,	21	5.02	22500	8.00	0.36	0.22
C	50	,,	,,	21	4.62	22500	4.20	0.19	

Tabela 4.7.4: Resistência à compressão do betão aos vinte e oito dias

Cube No.	% Replacement	Date of casting	Date of crushing	Cube age	Weight of cube (kg)	Area of cube (mm^2)	crushing load (KN)	Compressive strength N/mm^2	Average compress. Strength N/mm^2
A	0	14/6/	12/7/12	28	9.50	22500	488	21.69	
B	0	,,	,,	28	8.70	22500	392	17.42	20.09
C	0	,,	,,	28	8.34	22500	476	21.16	
A	10	14/6/	12/7/12	28	7.60	22500	186	8.27	
B	10	,,	,,	28	7.62	22500	148	6.58	7.41
C	10	,,	,,	28	7.48	22500	166	7.38	
A	20	18/6/	17/7/12	28	6.00	22500	19.20	0.85	
B	20	,,	,,	28	6.20	22500	20.00	0.89	0.96
C	20	,,	,,	28	6.42	22500	25.60	1.14	
A	30	18/6/	17/7/12	28	5.92	22500	14.60	0.65	
B	30	,,	,,	28	5.60	22500	15.20	0.68	0.68
C	30	,,	,,	28	6.02	22500	16.00	0.71	
A	40	18/6/	17/7/12	28	5.00	22500	10.00	0.44	
B	40	,,	,,	28	5.20	22500	8.92	0.40	0.46
C	40	,,	,,	28	5.54	22500	12.20	0.54	
A	50	18/6/	17/7/12	28	5.00	22500	10.20	0.45	
B	50	,,	,,	28	4.86	22500	8.40	0.37	0.36
C	50	,,	,,	28	4.34	22500	6.00	0.27	

APÊNDICE III

PLATE I: PERFORMING SPECIFIC GRAVITY TEST ON
AGGREGATES

PLATE II: PERFORMING SIEVE ANALYSIS TEST ON
AGGREGATES

PLATE III: PERFORMING BULK DENSITY TEST ON SAMPLES

PLATE IV: WEIGHING OF SAMPLES

PLATE V: OVEN DRYING SAMPLES

PLATE VI: RECORDING WEIGHT OF CUBES

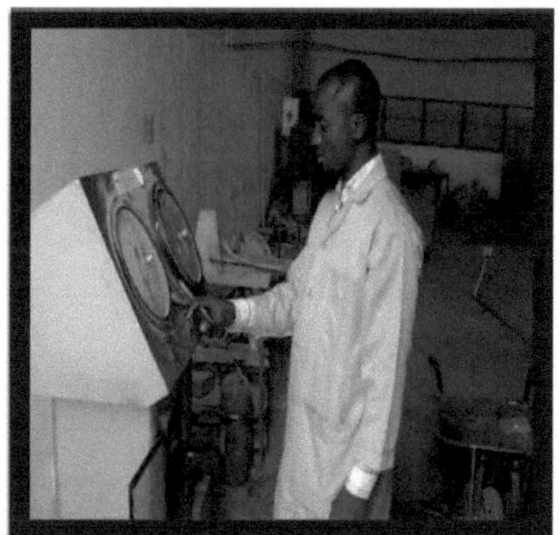

PLATE VII: RECORDING THE CRUSHING LOAD OF CUBES

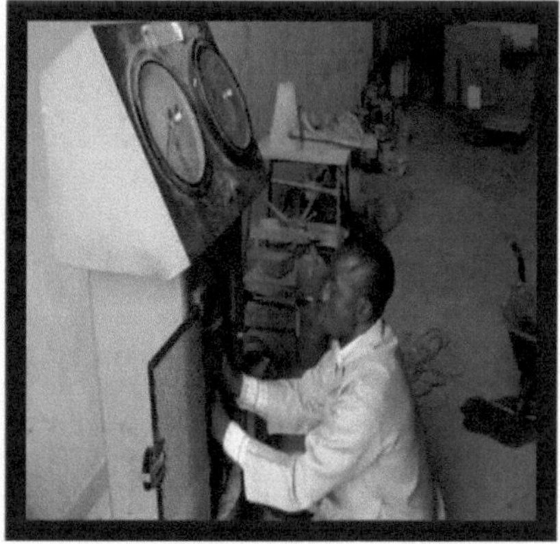

PLATE VIII: PLACING CUBE IN THE CRUSHING MACHINE

More
Books!

info@omniscriptum.com
www.omniscriptum.com
OMNIScriptum

Printed by Books on Demand GmbH, Norderstedt / Germany